# 人间处方

梁晓声 著

北京联合出版公司

只 为 优 质 阅 读

好
读
Goodreads

# 目录

## 辑一　人过着双重生活，既是演员也是看客

笑声也罢，掌声也罢，都体现着精神之口一口接住囫囵吞下的快感。

一个加班青年的明天 / 003

书、女人和瓶 / 012

当怀才不遇者遭遇暴发户 / 022

演员与看客 / 027

紧绷的小街 / 050

小村的往世今生 / 065

## 辑二　自卑者唯独不避高贵

因为高贵是存在于外表和服装后面的。高贵是朴素的，平易的，甚至以极普通的方式存在。

大众的情绪 / 083

语说"寒门"与"贵子" / 093

真话的尴尬处境 / 102

爱缘何不再动人？ / 105

我们为什么如此倦怠？ / 129

贵贱揭示的心理真相 / 138

## 辑三　身置闹市，心却寂寞

如果这样的一个人，心头中再连值得回忆一下的往事都没有，头脑中再连值得梳理一下的思想都没有，那么他或她的人性，很快就会从外表锈到中间的。

论寂寞 / 147

论"不忍" / 152

一半幸运 一半迷惘 / 166

"理想"的误区 / 184

读书与人生 / 188

我的"人生经验" / 201

## 辑四　理想，是对某一种活法的主观选择

有理想是一种积极主动的活法，不被某一不切实际的理想所折磨，调整方位，更是积极主动的活法。

何妨减之 / 221

最合适的，便是最美的 / 228

狡猾是一种冒险 / 235

关于欲望 / 246

关于不幸、不幸福与幸福 / 264

人生和它的意义 / 273

辑一

# 人过着双重生活，既是演员也是看客

笑声也罢，掌声也罢，都体现着精神之口一口接住囫囵吞下的快感。

&gt; &gt; &gt;

# 一个加班青年的明天

我因为要写一份关于中国《劳动法》在现实生活中被遵守情况的调研报告，结识了某些在公司上班的青年——有国企公司的，有民营公司的；有大公司的，有小公司的。

张宏是一家较大民营公司的员工，项目开发部小组长。男，二十七岁，还没对象，外省人，毕业于北京某大学，专业是三维设计。毕业后留京，加入了"三无"大军——无户口、无亲戚、无稳定住处。已"跳槽"三次，在目前的公司一年多了，工资涨到了一万三。

他在北京郊区与另外两名"三无"青年合租一套小三居室，每人一间住屋，共用十余平方米的客厅，各交一千元月租。他每天七点必须准时离开住处，骑十几分钟共享单车至地铁站，在地铁内倒一次车，进城后再骑二十几分钟共享单车。如果顺利，九点前能赶到公司，刷上卡。公司明文规定，迟到一分钟也算迟到。迟到就要扣奖金，打卡机六亲不认。他说自从到这家公司后，从没迟到过，能当上小组长，除了专业能力强，与从不迟到不无关系。公司为了扩大业务范围和知名度，经常搞文化公益讲座——他联络和协调能力也较强，一搞活动，就被借到活动组了。也因此，我认识了他。他也就经常成为我调研的采访对象，回答我的问题。

我曾问他对现在的工作满意不满意。他说挺知足。

问他每月能攒下多少钱？

他如实告诉我——父母身体不好，都没到外地打工，在家中务农，土地少，辛苦一年挣不下几多钱。父母还经常生病，如果他不每月往家寄钱，父母就会因钱犯愁。说妹妹在读高中，明年该考大学了，他得为妹妹准备一笔学费。说一万三的工资，去掉房租，扣除"双险"，税后剩七千多了。自己省着花，每月的生活费也要一千多。按月往家里寄两千元，想存点钱，那也不多了。

我很困惑，问他是否打算在北京买房子。他苦笑，说怎么敢有那种想法。

问他希望找到什么样的对象。他又苦笑，说像我这样的，哪个姑娘肯嫁给我呢？

我说你形象不错，收入挺高，愿意嫁给你的姑娘肯定不少啊。他说，您别安慰我了，一无所有，每月才能攒下三四千元，想在北京找到对象是很难的。他发了会儿呆，又说，如果回到本省估计找对象会容易些。

我说，那就考虑回到本省嘛，何必非漂在北京呢？终身大事早点定下来，父母不就早点省心了吗？

他长叹一声，说不是没考虑过。但若回到本省，不管找到的是什么样的工作，工资肯定少一多半。而目前的情况是，他的工资是全家四口的主要收入。父母供他上完大学不容易，他有责任回报家庭。说为了父母和妹妹，个人问题只能先放一边。

沉默片刻，又主动说，看出您刚才的不解了，别以为我花钱大手大脚的，不是那样。我们的工资分两部分，有一部分是绩效工资，年终才发。发多发少，要看加班表现。他说为了获得全额绩效工资，他每年都加班二百多天，往往双休日也自觉加班。一加班，家在北京市区的同事回到家会早点，像他这样住在郊区的，晚上十一点能回到家就算早了。

说全公司还是外地同事多，都希望能在年终拿到全额的绩效工资，无形中就比着加班了，而这正是公司头头们乐见的。他是小组长，更得带头加班。加不加班不只是个人之事，也是全组、全部门的事。哪个组、哪个部门加班的人少、时间短，全组、全部门同事的绩效工资都受影响。拖了大家后腿的人，必定受到集体抱怨。对谁的抱怨强烈了，谁不是就没法在公司干下去了吗？

我又困惑了，说加班之事，应以自愿为原则呀。情况特殊，赶任务，偶尔加班不该计较。经常加班，不成了变相延长工时吗？违反《劳动法》啊！

他再次苦笑，说也不能以违反《劳动法》而论，谁都与公司签了合同的。在合同中，绩效工资的文字体现是"年终奖金"。你平时不积极加班，为什么年终非发给你奖金呢？

见我仍不解，他继续说，有些事，不能太较真的。国企也罢，私企也罢，不加班的公司太少了。那样的公司，也不是一般人进得去的呀！

交谈是在我家进行的——他代表公司请我到某大学做两场讲座，而那向来是我甚不情愿的。六十五岁以后的我，越来越喜欢独处。不论讲什么，总之是要做准备的，颇费心思。

见我犹豫不决，他赶紧改口说："讲一次也行。关于文学的，或关于文化的，随便您讲什么，题目您定。"

我也立刻表态："那就只讲一次。"

我之所以违心地答应，完全是因为实在不忍心当面拒绝他。我明白，如果我偏不承诺，他很难向公司交差。

后来我俩开始短信沟通，确定具体时间、讲座内容、接送方式等。也正是在短信中，我开始称他"宏"，而非

"小张"。

我最后给他发的短信是：不必接送，我家离那所大学近，自己打的去回即可。

他回的短信是：绝对不行，明天晚上我准时在您家楼下等。

我拨通他的手机，坚决而大声地说："根本没必要！此事我做主，必须听我的。如果明天你出现在我面前了，我会生气的。"

他那头小声说："老师别急，我听您的，听您的。"

"你在哪儿呢？"

"在公司，加班。"那时晚上九点多了。

我也小声说："明天不是晚上八点做讲座吗？那么你七点下班，就说接我到大学去，但要直接回家，听明白了？"

"明白，谢谢老师关怀。"

结束通话，我陷入了良久的郁闷，一个问号在心头总是挥之不去——广大的年轻人如果不这么上班，梦想难道就实现不了啦？

第二天晚上七点，宏还是出现在我面前了。

坐进他车里后，因为他不听我的话，我很不开心，一言不发。

他说："您不是告诉过我，您是个落伍的人吗？今天晚上多冷啊，万一您在马路边站了很久也拦不到车呢？我不来接您,不是照例得加班吗?"

他的话不是没道理,我不给他脸色看了。

我说:"送我到学校后,你回家。难得能早下班一次。干吗不?"

他说:"行。"

我说:"向我保证。"

他说:"我保证。"

我按规定结束了一个半小时的讲座,之后是半小时互动。互动超时了,十点二十才作罢。有些学子要签书,我离开会场时超过十点四十了。

宏没回家。他已约到了一辆车,在会场台阶上等我。

在车里,他说:"这地方很难打到车的,如果您是我,您能不等吗?"我说:"我没生气。"沉默会儿,又说,"我很感动。"

车到我家楼前时,十一点多了。

我很想说:"宏,今晚住我家吧。"却没那么说。肯定,说了也白说。

我躺在床上后,忽然想起明天上午有人要来取走调研报告,可有几个问题我还不太清楚,纸上空着行呢,忍不住拿起手机,打算与宏通话。刚拿起,又放下了。估计他还没到家,不忍心向他发问。

第二天上午九点左右,没忍住,拨通了宏的手机。不料宏已在火车上。

"你怎么会在火车上?"我大为诧异。

他说昨天回住处的路上,部门的一位头头儿通知他,必须在今天早上七点赶到火车站,陪头头儿到东北某市去洽谈业务。因为要现场买票,所以得早去。

我说:"你没跟头头儿讲,你昨天半夜才到家吗?"

他小声说:"老师,不能那么讲的。是公司的临时决定,让我陪着,也是对我的倚重啊。"

他问我有什么"指示"。我说没什么事,只不过昨天见他一脸疲惫,担心他累病了。

他说不会的。自己年轻,再累,只要能好好睡一觉,精力就会恢复的。

又一个明天,晚上十点来钟,他很抱歉地与我通话——请求我,千万不要以他为例,将他告诉我的一些情况写入我的调研报告。

"如果别人猜到了您举的例子是我,非但在这家公司没法工作下去了,以后肯定连找工作都难了……老师,我从没挣到过一万三千多元,虽然包含绩效工资和'双险',虽然是税前,但我的工资对全家也万分重要啊!"

我说:"理解,调研报告还在我手里。"

我问他在哪儿,干什么呢。他说在宾馆房间,得整理出一份关于白天洽谈情况的材料,明天一早发回公司。

这一天的明天,又是晚上十点来钟,接到了他的一条短信——

　　梁老师,学校根据您的讲座录音打出了一份文稿,传给了我,请将您的邮箱发给我,我初步顺一顺再传给您。他们的校网站要用,希望您同意。

我没邮箱,将儿子的邮箱发给了他,并附了一句话——你别管了,直接传给我吧。

第二天上午十点多钟,再次收到宏的短信——

　　梁老师,我一到东北就感冒了,昨天夜里发高烧。您的讲座文稿我没顺完,传给公司的一名同事了。她会代我顺完,送您家去,请您过目。您在短信中叫我"宏",我很开心。您对我的短信称呼,使我觉得自己的名字特有诗意,因而也觉得生活多了种诗意,宏谢谢您了。

我除了回复短信嘱他多多保重,再就词穷了。

几天后,我家来了一位姑娘,是宏的同事,送来我的讲座文稿。因为校方催得急,我在改,她在等。

我见她一脸倦容,随口问:"没睡好?"

她窘笑道:"昨晚加班,到家快十二点了。"

我心里一阵酸楚,又问:"宏怎么样了?"

她反问:"宏是谁?"

我说:"小张,张宏。"

她同情地说,张宏由于发高烧患上急性肺炎了,偏偏他父亲又病重住院,所以他请长假回农村老家去了……

送走那姑娘不久,宏发来了一条短信——

　　梁老师,我的情况,估计我同事已告诉您了。我不知自己会在家里住多久,很需要您的帮助,希望您能给我们公司的领导写封信,请他们千万保留我的工作岗位。那一份工作,宏实在是丢不起的。

我默默吸完一支烟,默默坐到了写字桌前……

# 书、女人和瓶

北京四环外五环内有幢建于2010年的高楼,一层至二层一半是商场一半是饭店,二层以上一半是写字楼一半是宾馆。

写字楼的第八层,两年前由一位南方的段姓老板买下了,作为其房地产公司的总部。

段老板喜欢收集陶瓷精品或古董,放玻璃罩内,不但装点于办公区,连办公区外的大堂及电梯两侧也有所陈列。整层楼都是他的,没谁干涉。

大堂内的前台小姐姓詹,名芸;二十二三岁,山东登州人,农家女儿,自幼失母,由父亲和奶奶接替带大。没考上"大本",只有民办的"高级职业学校"文凭。芸步其父后尘来到北京,这里干一年那里干半载,所学大众服装设计专业荒废了。其父两年前出了工伤,一条腿残了,得到一笔抚恤金回老家农村去了。失去了对父亲的依傍，芸对工作不敢再持理想主义，只求稳定而已。因容貌姣好，遂成前台小姐。工资不高，工作单调，无非接接电话，笑脸迎送客人，阻止推销的、拉广告的、销售保险的人进入办公区——段老板特烦那类人。

上班数日，小詹便领教了久坐之辛苦，晚上腰酸背痛。而最难耐的是那份无聊，电话不断、客人纷至，对她反倒成了好事，那她就可以经常说话或起身走走。然而有时上下午也没几次电话，并无来人，只不过公司的人偶尔出去了几个，她就连起身走走的机会也没有了。而且，她的坐姿被要求必须是端坐，歪身伏台是不允许的，被发现一次就会被记过一次，记过三次就会被扣工资。低头摆弄手机或看书，被发现一次等于被接连发现三次，不但扣工资，还将遭受到小头头的警告——小头头即公司劳务科的一个事妈型的中年男子。

芸的眼，已将几个玻璃罩内架子之上的东西看得够够的了。她最不想看到的是一个青花瓷胆形瓶，它正对着她摆在电梯右侧，大约是为了使来客一出电梯就看得到。玻璃罩内还有纸牌，上写"元青花"三字。据说，是段老板花了一大笔钱从拍卖行竞拍到的。那么值钱的东西居然摆在那种地方是芸起初不解的，但一想到全公司的人都下班后，整层八楼是落锁封闭的，正所谓连只蚊子也飞不进去，便也不奇怪了。上班两个月后，芸一闭上眼睛那青花瓷瓶便在她头脑中浮现，也多次出现在她梦中。她但愿那儿摆的是一盆花，或挂着一幅画，或根本什么都没有。

芸上班时的愉快，是韩姐出现之时。韩姐四十几岁了，是公司的清洁工，河北农村人。那个村在北京与河北的交界地带。用她的话说："我只差一点点就是北京人了。"

与芸相比，韩姐的工作是另一种辛苦——她每天来得最早，要将整个八层的地拖一遍。先从办公区开始，等公司的人都刷过卡了，她则要开始拖大堂了。拖完大堂，一手拎桶水一手拿抹布，擦这里擦那里。段老板有洁癖，长一双显微镜眼，发现哪儿有点灰尘、有个污点就发脾气。中午，韩姐还要用小推车到三层电梯口接员工们订的盒饭，因为一、二层是商场，对三层以上的保安措施特别严，电梯前有一名保安值岗，送纯净水的、送盒饭的、送快递的，都不许上楼，一律由各公司的人下到三层来接取；那些事也都是韩姐的工作。自然，午饭后，韩姐又得进行一番清洁。

韩姐拖地拖到接待台那儿，倘办公区没人出出入入，她就会拄着拖把与芸说上一会儿话。她可以歇歇，也正中芸的下怀。韩姐接待台擦得最认真、最仔细，擦啊擦的，像怎么擦也不擦不干净似的。那时，她俩就会越聊越亲近。

韩姐是个离了婚的女人，她前夫不但吸毒还替毒贩子贩毒，仍在服刑。她女儿精神受了刺激，本来学习挺好，结果考不成大学了，由她六十多岁了仍在务农的父母操心着。她与一个在北京收废品的河北老乡二茬子光棍相好多年了，由于她有那么一个女儿，他总是下不了决心与她结为夫妻。

韩姐是个心眼实诚的女人，认为谁是好人，便将谁视为亲人。芸多次替她到三楼去接盒饭和纯净水，她觉得芸是好姑娘。芸听她讲时落泪了，她就什么关于自己的事都愿讲给芸听了——她是一个在北京打工的、内心极其寂寞的农村女人。

一日，韩姐从办公区夹出几册刊物，走到大堂，全掉地上了。凡公司职员扔弃不要的东西，能当废品卖的，她一律挑拣出来，积存多了——总送给她的相好。芸见其中有本书，要过去了。那是一本简编的《说文解字》，芸如获至宝。韩姐见她喜欢书，问她更爱看哪一类？芸说自己没上过大学，知识少，还是想看知识类的。以后韩姐就经常捎给她那一类书，从她相好的所收的书中选出的。一套从《三字经》《百家姓》《千字文》到《论语》《中庸》《大学》等巴掌大的袖珍书，成了芸的最爱。芸读那类书受益匪浅，久而久之，知识大增。经韩姐一宣传，似乎成了"学究"——许多字怎么从古字演化为现代字的，她能对答如流。对于百家姓的任何一姓的起源，也都能说得一清二楚。"五经"她不感兴趣，却差不多能将"四书"背下来了，也通晓大意。

由是，吃午饭时，便有不信的人向她请教知识。名曰请教，其实是要考考她，看她答不上来的窘态。却没谁考住过她。在限定的知识范围内，她确实是接近学究了。

有人问她记那些知识有什么用？

答曰："人不学，不知义。"

然而讥之者是多数——你詹芸再知义，不还是只配在办公区外的前台吗？

芸晓得，不曾过心。韩姐每代其愤然，亦多次劝阻。

韩姐不知为什么与相好的闹别扭了。她一向住在那男人租的房子里，赌气离开，当晚就没地方住了。芸则与人合租了一间离公司不远的半地下室房间，恰巧那时对方回老家了，诚邀韩姐暂住她那里。

两个忘年交女人住一起后，感情加深了。晚上，通常是韩姐看手机，芸看书。韩姐的手机是她相好的给她买的，功能很全的那一种。芸的手机却很便宜。她不是手机控，也没加入什么微信圈。

某晚，韩姐看着看着手机，忽然哭了。芸以为她因与相好的闹别扭而难过，却不是。韩姐从手机上看到了一段关于企鹅的视频——小企鹅好不容易长大了，爸妈该带它下海了。海上还有浮冰，小企鹅在父母的帮助下历尽艰险刚游过浮冰区，却被海豹一口咬住了，它爸妈眼看着它被活活吃掉爱莫能助。

芸听韩姐一讲，自己也伤心落泪了。不仅为小企鹅的悲惨命运，也为一头骆驼妈妈和它的孩子。她从书中看到过这么一件古代的事——蒙古大军与别国军队作战过程中，主帅阵亡了。恐影响军心，将军们将主帅偷偷埋了，并用十几匹战马踏平了埋葬地，否则怕被狼群所食。但以后怎么找得到呢？他们当着一头骆驼妈妈的面杀死了它的孩子，将血遍洒在埋葬地。他们相信那么做了，即使很久以后，骆驼妈妈也会引领他们准确地找到此地。但人犯了经验主义的错误，动物与动物是不同的。骆驼妈妈因心疼过度，绝食而亡。

怕韩姐更难过，芸没讲给她听。她只是搂抱着韩姐的胳膊陪着落泪而已。

"肝胆相照"这个词应用在女人身上，大抵便是双方的善良心的相通而已。

半月后不好的事发生在韩姐身上了——她正擦"元青花"的玻璃罩和架子时，电梯门一开，迈出了一对青年男女。他们发现下错了楼层，嘻嘻哈哈地互相责怪、逗贫。韩姐分心地直起了腰，也许由于腿蹲麻了，没站稳，扶了架子一下——架子倒了，玻璃罩碎了，"元青花"也碎了。

电梯门又一开,那一对男女赶紧进入电梯,溜之大吉。

办公区有人出来,见状大呼:"清洁工闯祸了!"

转眼办公区跑出来许多人,皆斥责韩姐:

"你怎么搞的?"

"你赔得起吗?"

"等着吃官司吧你!"

韩姐奔向了楼梯。

芸顿觉不祥,追随而去。

段老板也出现了,所有的人都向他表示惋惜和对韩姐的气恼。

段老板却问:"她人呢?"

人们一时大眼瞪小眼。

"还不快去找人!"

人们这才知道最该做的是什么事。

韩姐跑到了一座立交桥上,欲寻短见。幸而有芸紧紧跟随,没使悲剧发生。

而公司那边乱了套了,四处寻找的人纷纷归来,都说找不到。

段老板坐立不安,急得骂人。

那所谓的"元青花"只不过是他花三百来元从潘家园

买的。若因三百来元钱的东西闹出人命,不但自己的虚荣将遭人耻笑,良心上也会永远内疚的。

他焦虑如热锅上的蚂蚁。

管韩姐的小头头被命令不停地打韩姐的手机。每次都通,但没人接,这使事情似乎变成了事件,结果似乎也注定不祥了。

韩姐的手机并不随时带在身上,它响在她的挎包里,她的挎包放在人人都有的小件储存匣里。

而芸的手机在接待台的抽屉里。

天黑了,下班时间早过了,头头脑脑都不走,毫无意义地陪着段老板着急。

半夜后,不得不报警。

天快亮时,民警在芸的住处找到了她和韩姐。斯时韩姐已近崩溃,而芸差不多已对她说了一百遍这样的话:"有我在你身边,你就休想死得成。"

"你是怎么劝她的呢?"

"我说,再普通的人的命,那也是宝贵的人命。再宝贵的瓷瓶,它也不过就是个瓷瓶,怎么能比得上人命宝贵?我相信段老板是懂得这种起码道理的人,绝不会为难你。"

"对,对,我是那样的人!"

"那,你绝不难为她?"

"当然！我还要感谢你呢。她没出事，对公司是莫大的幸运！我听别人说你爱看书，都看什么书？"

第二天，在段老板的办公室，他平易近人地与芸交谈了一个多小时。

芸说了自己都看了哪些书后，段老板问她背得出《百家姓》不？芸不但背得滚瓜烂熟，还向段老板讲了段姓的来历。

段老板又问了几个姓，芸有问必答。

他又请她背《三字经》《千字文》《论语》《孟子》什么的，芸同样张口就背，一次磕巴都没有。

"你从什么时候开始背的？"

"自幼。"

芸没说实话——其实一年多以来，她几乎天天在坐前台的八小时里背，以打发无聊。多亏韩姐给她的是巴掌大的袖珍本，低头看也不易被发现。

而段老板，也只字不提"元青花"实际上是他花多少钱买的。

他最后说："像你这么好的记性，没上过大学太遗憾了。如果有可能上大学，你想学什么专业呢？"

芸毫不犹豫地说："大众服装设计。"

不久，芸到一所民办大学上学去了，段老板找朋友推荐的，并替她预交了大学四年的学费。

芸离开北京那天，公司有不少人在站台上送她。老板感激之人，头头脑脑皆表现出心怀敬意的态度。

韩姐也出现在了站台上，挽着与她相好的男人。段老板为她的女儿交了一笔终身医保；那男人打消了后顾之忧，与韩姐把证办了。

送芸的人们回到公司，一出电梯，见架子又摆在那儿了，玻璃罩内是那"元青花"碎片。

纸牌却换了，其上写的是——"此元代青花，碎于某年某月某日某时，段某某亲写以铭记。"

韩姐却因心理上留下了阴影，辞职了。

段老板也未挽留，给了她特大方的一笔"精神损失补偿金"。

他对芸和韩姐的善举，使他赚足了好口碑。那一年北京市海选道德模范人物，他的名字在网上也出现过。

我的一名学生在他的公司上班，向我讲了此事，嘱我只要不写那"元青花"是怎么回事，但写无妨。

而我觉得，即使写了那"元青花"是怎么回事，段老板的形象也还是蛮高大的。一事善，一意佛啊！

# 当怀才不遇者遭遇暴发户

我有一个中学同学,前几年抓住了某种人生机遇,当上了一家中外合资公司的董事长。后来公司奇迹般地发展壮大,于是他本人也成了一个令别人羡煞的人物——家里富丽堂皇,豪华轿车代步,三天两头出国一次。不论在国内还是国外,非五星级宾馆是不屑于住的。于是几乎在一切人前颐指气使,常不可一世的样子。

我还有一个中学同学,是个自以为"怀才不遇"的人。每每嗟叹错过了某些人生机遇,满肚子的愤世不平。当然,他顶瞧不起的,是我那当上了董事长的同学,又瞧不起又羡煞。其实他很有心攀附于对方,可对方似曾暗示他——攀附也是白攀附,绝不会因此而给他什么好处。于是他心里只剩下了瞧不起,又瞧不起又嫉恨。

实事求是地说,当了董事长的同学,确有许多"暴发者"的劣迹。而又瞧不起他又嫉恨他的同学,渐渐地便将收集他的种种劣迹,当成了自己的一件很重要、很主要、很正经的事。收集自然是为了宣扬,宣扬自然是为了搞臭对方。虽然人微言轻,势单力薄,并不能达到搞臭之目的,但讽之谤之,总是一种宣泄,总是一种快感,心理也多少获得些许暂时的平衡,仿佛连世界在这一时刻,都暂时变得公正了些。

几年来,一方在不断地发达,另一方在不断地攻讦。一方根本不把另一方的存在当成一回事儿,另一方却把对方的存在当成了自己存在的意义似的,总盼着某一天看到对方彻底垮台……其实对方总有一天要垮台,乃是许许多多的人早已预见到了的。

果不其然,当董事长的那一位东窗事发,一变而为"严打"对象,仓仓促促地逃亡国外了。其家人亲眷、三朋四友,不是成了"阶下囚",便是成了"网中人"。他那一个偌大的公司,当然也就垮得更彻底。

此后我又见到了那个"怀才不遇"的同学。

我问他:"今后,你心情该舒畅些了吧?"

他却郁郁地说:"有什么可舒畅的?"

我说:"被你言中,×××和他的公司终于彻底垮了,你的心情还有什么不舒畅的?"

他苦笑一下,说:"高兴是高兴了几天,可是……"

嗫嗫嚅嚅,分明有许多隐衷。

我问:"可是什么啊?讲出来,别闷在心里嘛!"

他吞吐片刻,说出的一句话是:"可是我他妈的还是我啊!眼瞅着快往五十奔了,才混到一个副科级,这世道太黑暗了!"

我望着他,竟不知怎样安慰。

他任的是一个闲职,没什么权力,自然也没什么责任,却有的是时间,无所谓上班,经常在单位四方八面地打电话,怂恿熟悉的人们"撮一顿"。只要有人买单,不管在多远的地方,不管是在什么街角旮旯儿的饭馆,不管相聚的是些什么人,也不管刮风还是下雨,蹬辆破自行车,总是要赶去的。每次必醉。以前,吃喝着的同时,还可以骂骂我那个当董事长的同学,醉了还可以骂骂这社会。而我那个当董事长的同学逃亡国外以后,在国内连一个可供他骂骂出气的具体人物也没有了。倘偏要继续骂,听者觉得无聊,自己也觉得怪索然的。醉了骂这社会呢,又似乎骂不出多少道理了。倘说社会先前不公,皆因将他压根儿瞧不起的一个小子抬举成了什么董事长的话,社会不是已然彻底收回对那个小子的宠爱,很令他解恨地惩罚那个小子了吗?倘要求社会也让他当上一位什么董事长才显得更公正的话,他又分明没多少"硬性"理由可摆,说不出口。于是呢,诅咒失去了具体之目标,嫉恨失去了具体之目标,仇视也失去了具体之目标。须知原先的他,几乎是将诅咒、嫉恨、收集一个具体之人的劣迹并广为传播当成自己生活的重要的、主要的意义的。现在他似乎反倒觉得自己的生活丧失了意义，很缺少目的性了，反倒觉得活得更无聊、更空虚、更失意了。话说得少了，酒却喝得更多了，于是更常醉醺醺的了，人也更无精打采、更自卑、更颓废了……

同学们认为他这样子长此下去是不行的，都劝他应该想想自己还能做什么，还能做好什么，还能怎样向社会证实自己的个人价值。可他，其实大事做不来，小事又不愿做。于是呢，也便没有什么大的机遇向他招手微笑，小的机遇又一次次被他眼睁睁地从自己身旁错过……

后来听说他病了，去医院检查了几次，没查出什么了不得的病，但又确实是在病着。有经常见到他的同学跟我说，一副活不了多久的、老病号的、怏怏苟活的样子……

再后来我回哈尔滨市，众同学聚首，自然又见着了他。使我意想不到的是——他的状态并不像某些同学说的那样糟。相反，他气色挺不错，情绪也很好，整个人的精神极为亢奋，酒量更见长了。

"他妈的，就那个王八蛋，他也配当局长？他哪点儿比我强？你们说他哪点儿比我强？啊？他也不撒泡尿照照自己，我当副科长时，他不过是我手底下一催巴儿！"

我悄悄问身旁的同学："他这又骂谁呢？"

答曰:"咱们当年的同学中,有一个当上了局长……"

我暗想——原来他又找到了某种活着的意义和目的性。进而想,也许他肯定比我们大家都活得长,因为那么一种活着的意义和目的性,今天实在是太容易找到了。即使一度丧失,那也不过是暂时的,导致的空虚也就不会太长久。

"有一天我在一家大饭店里碰见了他,衣冠楚楚的,人五人六的,见我爱搭理不搭理的,身后还跟着一位女秘书!我今天把话撂这儿,过不了多久,他准一个筋斗从局长的交椅上栽下来,成为×××第二……"

他说得很激昂,很慷慨,颈上的、额上的青筋凸起,唾沫四溅……

# 演员与看客

此刻,他出现在舞台右侧,坐高脚凳上,酒吧里常见的那种。高脚凳在前一名演员的表演中当成过道具。他一足踏地,一足踏凳撑上,特悠闲的样子,微眯双眼,漠漠然地望着台下的看客,如同厌倦的牧羊人漠漠然地望着羊群。牧羊人对羊群大抵持两种态度:倘是自己的,望着时目光往往是欣慰的,甚或是喜悦的;若只不过是替雇主在放牧,通常便是漠漠然的。

我觉得,对于他,台下包括我在内的看客,似乎只不过是二百几十只品种特殊的羊而已,不值得多么尊重的,正如看客们也不可能多么尊重他。而此点,乃是这一处也叫作剧场的地方,与其他剧场里的情形完全不同的方面。显然,他对此点心知肚明并习以为常,处之泰然。

这是台上台下互无敬意的一个所在。一个心照不宣地营造低俗乐子的空间。台上的靠表演,台下的靠掌声。某些人观看低俗的渴望，能在这里获得较大的满足。某些一向因太过正经而疲劳了的人，在这里完全可以显现其实并不怎么正经的原形。在这里，台上的表演者拿台下的看客搞笑一通是家常便饭，台下的男性看客用语言挑逗台上的女表演者亦在允许范围。

羊群的常态是安静的，但台下的看客时而呼嗷乱叫，时而将手中的"掌拍"弄出大的响声。"现代"无孔不入，现代人连拍手也懒得拍了，于是商家发明了观赏演出时用的那种手形的塑料东西，免费提供，体现着人性化的周到。那东西该怎么确切地称呼呢？我竟不知。也许可叫"义手"吧？既然假肢的另一种叫法是"义肢"，那东西为什么不可以叫"义手"呢？如此说来，不用"义手"鼓掌，确实意味着是"亲自鼓掌"了吧？

对于他，以及所有在这一空间进行表演的艺人，我本是不打算称为演员的。但若叫艺人，依我看来，又都没什么艺可言，那就还是称他们为演员吧。毕竟，他们皆在使出浑身解数，不遗余力地简直也可以说是亢奋地鞠躬尽瘁般地进行着表演。他们的表演状态毫无疑问地体现着一种敬业精神。尽管场地有天壤之别，舞台有天壤之别，表演品质有天壤之别，但是论到敬业精神，我这一个看客不得不发乎真心地承认，他们与某些明星、大腕乃至大师是不分高低的。这一点当时深深地感动了我。

该剧场是很封闭的空间，处处旧陋，近于破败：在一条老街上，门面算是那条街上有特点的，乍看像老北京的牌楼，却是水泥的，灰色的。一灰到底，除了红色匾字，再无别色。即使红色的匾字，也早已褪尽了鲜艳，看去泛着隐黑了。简陋的座椅，简陋的舞台。紫色幕布相当旧了，在舞台的顶灯光下，浮尘可见。而舞台的木质边沿，这儿那儿油漆剥落了。舞台左边是厕所，右边是安全出口。厕所也罢，安全出口也罢，门楣皆低，门框皆窄，地势明显下陷。所谓剧场，空气凝滞，似乎没有通风系统，整体给我以处处不洁的印象。

在如此这般的场所，如此这般的舞台上，一些是所谓"二人转"演员的人，极投入地、极敬业地各自表演低俗甚至下流的节目，给二百几十位形形色色身份混杂的男女看。

我在着实被感动了的同时，也着实地心生出了一种难以名状的忧伤。

简直不能不被感动。

也简直不能不忧伤。

那名坐在舞台右侧的演员，他三十二三岁，一米七五或七六的身高，国字脸，五官端正，眉清目朗，宽肩、细腰。对于男子而言，称得上一表人才了。舞台上灯光明亮，我坐第二排，对他的一举一动，乃至他表情的细微变化，看得清清楚楚。他已换了一件短袖的白衬衫，浅蓝色西服裤，衬衫下襟扎在裤腰里。衣裤合体，使他看上去很精神。他脚上那双皮鞋分明还新着，似乎是名牌。他稳重地坐在那儿，姿势未曾怎么改变过，脸上的表情也没什么变化，闲定平静，仿佛足以做到泰山崩于前而不色变，猛虎啸于后而不心惊。目光也仍那么漠然。这与他方才生猛异常、亢奋且厚颜无耻地表演着的那个自己截然不同，判若两人。这会儿的他，如同一位资深的铁匠、木匠、石匠，或面包师傅、裁缝师傅、园林修剪师傅，忙碌劳累了一大通之后，终于可以歇会儿了，于是坐下呆望街景。那时，寒碜的舞台似乎便是他的铺子，而台口是他的铺子门口，或公园里的一处亭子；台下的看客们，则如同集体歇脚的行人、商帮。方才是他在台上表演，众人看他。现在他也可以闲定又漠然地看众人了，虽然众人并不表演，但他却如同偏能不动声色地看出什么微相表演来，目光中透出研究的意味，觉得挺耐看似的。

在他之前，舞台右侧已坐着两个人了，一个是司鼓者，一个是操控电子音响的。司鼓者四十余岁，肤黑且瘦，穿一套20世纪80年代的蓝制服，上衣有两个外兜，叫"中山装"的那一种，也是领导人特别喜欢穿的那一种。事实上不仅领导人喜欢穿，大多数老一辈无产阶级革命家几乎都喜欢穿。不晓得司鼓者为什么也穿那么一套衣服，是为了勾起看客们的怀旧心理吗？也许吧。而操控电子音响的青年刚二十岁出头。以我的眼看来,他和司鼓者容貌有相似之处,说不定是父子,或者叔侄。三十几岁的那名演员坐在青年旁边。青年面向舞台左侧,而他面向台下。他并不与青年说话,仿佛身旁无人。我不知他为什么演完了节目却还要坐在台上那么显眼的地方,但是猜测等一会儿台上准还有需要他的时候,我得承认,他出现在那儿引起了我强烈的好奇心。

我对中华人民共和国成立前东北"二人转"艺人们的演艺人生一直颇感兴趣,写一部那样的长篇小说也一直是我的打算。春季我回哈尔滨,请朋友带我看一场当下的"二人转",为的是补充一些感性的印象。身为东北人,我此前还从没看过在舞台上表演的传统"二人转"。

朋友说:"传统的吗?那早过气了,而今哪儿还有人那么演?有人那么演也没人稀罕看啊!现代人嘛,想看也要看现代的'二人转'!"

我问怎么个现代法呢?

他说他也没看过,只听说特"另类"。

于是,在他的陪同下,我俩坐在了这么一处地方。他说他打听了,这里每晚上演的"二人转"比一般性的"另类"更"另类"。

第一位上场的是小伙子,二十五六岁,挺帅气。嗓音颇高,唱了几句歌,"小沈阳"飙高音的那种唱法,以证明嗓音所能达到的高度，分明还自认为在此点上并不逊于"小沈阳"。他飙唱时获得了一阵"义手"的掌声。掌声中他明智地收了高音，不再唱下去。飙唱几句高音歌词是一回事，气量充沛饱满地唱完一首高音歌曲完全是另一回事，所以我认为他收声收得明智。接着，他开始说了。上海的周立波自诩说的是"清口"，他说的却几乎是成段成段的"荤口"。看着听着形象那么帅气、那么阳光的青年不住嘴地说出一句比一句"荤"的"荤口"，如同看着听着一个长着可爱的模样像是极有教养的孩子一句句说脏话，给人以愕然不已的印象，令我大不适应。我想我背后的一排排看客也未必就多么适应，因为并无掌声，亦无喝彩。甚至，也没人起哄。

我入场时留意地扫视过，看客们的年龄多在三十至五十岁，十之八九是男人，极少数女人觉察出我的扫视，一个个颇不自在，或低下头去，或侧转了脸。而我，在那天晚上，是年龄最大的一个看客。坐在第二排的票价是八十元。朋友悄悄告诉我，第一排的票价一百元，他居然没买到。而坐在第一排的，多是有本地人相陪的外地看客。和我一样，好奇心使他们到这种地方来的。我在北京就已经听说时下的"二人转"挺火，那时我明白了，心照不宣地坐在这一处猥亵场所的看客，对"黄"和"荤"的好奇心，比满足欣赏的欲念要强烈得多。然而来是来了，坐是稳坐下去了，但一听到下流"段子"就大鼓其掌或冲口喝彩，毕竟不太好意思，忌讳着原形毕露之嫌。纵然正中下怀，大觉过瘾，也还是放不太开的。由是，我认为台上台下之间的一种误会，那时不可避免地产生了。我看出小伙子迷惘了，困惑了。甚至，有几分恓惶了。他大概是刚出道的新手，没怎么经历过台下看客们那种矜持的沉默，沉默的矜持。怎么都不呼应啊，这是些什么来路的观众啊？怎么全都跟冷面大爷似的呢？出于对演员的同情心也该多少给点儿掌声啊！花钱不就是专冲着听这个来的吗？爷们儿想听的我说了呀！还要多"黄"多"荤"才合你们的胃口呢？

显然小伙子想不明白了，暗自焦急了。于是他又讲了一段更"荤"的"段子"。看客们依然暧昧地沉默。

"拿酒来！"——他以好汉临刑般的悲壮气概吼了一嗓子，坐在第一排的一位白衣白裙的姑娘应声而起，将五瓶啤酒一瓶接一瓶摆在了舞台上。我落座之前注意到了她，她面前的桌上放着十几瓶啤酒，还有爆米花。谁家的姑娘竟到这里来，而且花一百元买第一排的票！难道她要一边看一边喝光那十几瓶啤酒吗？那不是将上吉尼斯纪录了吗？莫非舞台上将出现她所倾慕的白马王子？当时她也令我大生疑惑，并生腹诽。倾慕尽管倾慕，献花也可，犯不着边看边酗酒啊！又没人相陪，倘烂醉如泥，那会是多么丢人现眼的结果呢？她总不至于是酗而不醉的酒神之化身吧。及至她起身往台上摆酒,我才恍然大悟——原来是演出团队之一员,专为伺酒坐在那儿的。

小伙子牙口有力,咬掉瓶盖,高仰起头,众目睽睽之下一饮而尽。他将空瓶往舞台左侧一扔,倏然转身,开始用语言作践起肯定与他父亲同辈的司鼓者来。无非还是"荤"的、"黄"的"段子",连司鼓者的父亲也一并捎带着作践了一通。之后又喝光了一瓶啤酒,转而作践操控音响的青年,同样连对方的父亲的人格尊严也不放过。而那两位,默默听着罢了,只不过偶尔面呈怒色,算是一种配合性的表情反应。事实上,音响并没怎么用,鼓也没敲过几下。显然,他俩坐在那儿,分明是专供被作践的,那大约才是他们的"角色定位"。至于音响设备和鼓,作用倒在其次了。那种语言作践,倘非是在舞台上,而是在日常情况之下,往往一两句就会导致恼羞成怒,大打出手的……

操控音响的青年脸上那股子浑不在乎、听之任之的表情越来越挂不住了,他嘟哝了一句。后排肯定是听不到的,但坐在第二排的我听得真切。他是这么骂了一句:"你他妈嘴上搂着点儿啊!"

一味儿以作践他为能事的小伙子一愣,随即大声训斥:"怎么,受不了啦?受不了也得受!这是咱们这一行的规矩你不懂?入了这一行,那就得习惯了受着!台下的三老四少,人家花钱来听的就是这种段子!"

他的话说得真中有假，假中有真，真假参半。

我听得心上顿时一疼。

我也是"三老四少"之一，不由得感觉罪过起来。

他灌下了第三瓶啤酒，突然往台口一跪，像信徒祈祷般举起双手，大声乞求："老少爷们儿行行好，多少给点儿掌声吧！怎么要你们点儿掌声就那么难啊？老板雇人监视着台上呢，掌声多少决定分我多少钱啊！一点儿掌声没有，我明天晚上没脸还来这儿了，后天不知道去哪儿挣钱解决吃住问题了……"

是表演风格？还是真情告白？

我竟难以判断了。

"好！"

后排响起一嗓子瓮声瓮气的喝彩。

这怎么就好呢？好在哪儿呢？

我不解，却没回头看，径自困惑罢了。

然而，终究是起了掌声。不怎么齐，也不多，但总归有了。"义手"拍出的那种掌声。

小伙子获得激励，一跃而起，又大声说："感谢爷们儿，太难得啦，太难得了！冲刚才的掌声，现在我要拿出看家本领……"

他灌下去了第四瓶啤酒。

他腾空翻了两个筋斗，一个大劈叉，双腿笔直地叉开在台上。

"好！"

台下齐发一阵喝彩。

我也赶紧举起"义手"弄出疑似的掌声，放下"手"时，顿觉罪过感被自己作为看客的热情抵消了些。

小伙子脸上呈现大为满足的表情了。他站到了一把椅子上，将一条腿搬起，呈金鸡独立的姿势，随即身体一倒，一足椅上，一足着地，来了一次悬空大劈叉！

"好！"

许多嗓子齐声喝彩。

响起一片疑似的"掌声"。

他一口气喝光最后一瓶酒，又站在一张桌子上，重复了一次刚才的动作。那自然是极危险的动作，倒也算不上有什么高难的含量，但确乎极危险。若有闪失，轻则伤筋，重则必定当场断骨。

小伙子脸已通红，并且淌下汗来。最终，他带着颇有成就感的表情，在掌声中跑下台去。他在台上坚持了半小时左右的表演，跪了三次，一饮而尽地接连喝光了五瓶啤酒，打出了六七个响亮的酒嗝……

朋友小声对我说，他们每人都有"看家本领"，或曰"绝活儿"。而所谓"绝活儿"，一律在最后时段才奉献的，为的是能在掌声中结束。

我问：为什么还喝酒呢？

朋友说，为了忘却羞耻感啊！如果艺技有限，那么只能靠"荤"的、"黄"的"段子"撑台。他们都那么年轻，在台上一味儿当众说那些，你以为他们就完全没有羞耻感吗？有的！怎么办呢？开始时说"黄"的，"黄"的越来越冷场，那就只能来"荤"的了。而几瓶啤酒灌下去，多"荤"的"段子"说起来，也只不过像是在自言自语地说着些无意识的醉话了，没想到吧……

我说：没想到……

又觉心上一疼。

坐在舞台右侧那个三十二三岁的人，他是第二个登台的演员。他化了妆，涂了白鼻梁，双唇正中抹得血红，戴蓝帽子，上穿白色无领半袖背心，下穿肥腰肥腿的蓝色吊带工作裤，有前胸兜兜的那一种。20世纪80年代以前的机床车间里，男女工人大抵穿那种工作裤，现而今早已归于"戏装"了。那一套穿戴，肯定是他每次登台演出的行头无疑。他是企图在形象上唤起人们对卓别林的亲切记忆，也唤起人们对早年中国工人阶级的良好情愫。但是呢，又不愿太像卓别林，还要体现出点儿"中国特色"，看上去便不伦不类。但不伦不类也许正是他的追求、他的创意、他的"专利"，更是他所依赖的形象看点。

这人对自己的舞台造型是颇动了一番心思的。我一这么想，不得不承认，他是多么敬业啊！

此时的我已不记得他表演了些什么了。只记得他一上台就说，说来说去都是"荤口"，比"黄色"更"黄"的，赤裸裸的与性事有关的"段子"。自然，他也一瓶接一瓶地灌啤酒。我知道，在东北，那么一种喝法叫"吹喇叭"，酒桌上每简言之为"吹一个"。

他也作践那司鼓的和操弄音响的。

因为他说的是比"黄色"更黄的"荤口"，所以那司鼓的和操弄音响的，表现出了更加巨大的涵养。

我对他们二位那一种涵养不禁肃然起敬。

我小声说：他们二位也很敬业。

朋友说：当然。

我说：他们那么大的涵养我做不到。

朋友说：他们靠这一行生存，解决吃住的现实问题，成家了的也靠这一行养家糊口。你从未面临如此现实的问题，当然做不到。

我倒羞耻了。因为自己的话，更因为朋友的话。

我这一个看客，坐在第二排的看客，心情不由得不忧伤。

我说：那，咱们走吧？

朋友说：你给我老老实实地坐着看，该鼓掌就鼓掌。这是另类人生，你要多接地气！

是的，我真的已不记得他究竟表演了些什么。

"二人转"变成了当下这样，是我不身临其境怎么也想不到的。

但是台上那位说的几句话给我留下了深刻印象。

他说："我才不像刚才那位跪着要掌声！干吗那么下贱？爷始终站着也要让你们鼓掌！"

果然起了掌声。

他傲然地又说："听，要到了吧？"

那是小丑扮相的一个人的傲然，一位敬业的低俗"节目"表演者的傲然。正因为是那样，他的话让我挺震撼。

"你们花钱不就是来寻开心的吗？平均下来一张票才二三十元，看高雅的能这个价吗？我在台上逗呗，疯呗，胡闹呗，哄你们开心不就对得起你们那二三十元了嘛！我们是什么人？演员？甭抬举我们了！我们都是在台上耍狗蹦子呢！但看我们耍狗蹦子那也不能白看呀！谁都得挣钱过生活是不是？就算助人为乐你们也得给点儿掌声吧……"

于是掌声又起。

在掌声中，我的心疼。

他居然把话说得那么实在。仅仅那么几句实在话，居然还获得了掌声，更是出乎预料。

难道对于看客们，几句实在话是具有艺术欣赏性的吗？

我迷惘了，就像第一个登台表演的小伙子遭遇冷场时也迷惘了。

他醉意醺醺地学"小沈阳"出场时的步态，走一步说一句："十万、二十万、三十万……大家好，哼嗯……讨厌……"

学得惟妙惟肖，神形兼备。

于是引发了笑声。

他重走一遍，边说："我们这样的呢，十元、二十元、三十元……六十元！没往死了挣你们的呀！"

便又引发了笑声。

我想那时，可能不少人心上都疼了一下。也许，只生出快意，并不疼的。

我问朋友：他们每场只挣六十元吗？

朋友说：那肯定不止。看起来他出道时间不短了，每场怎么也挣两三百块吧……

我替他感到了大的慰藉，心情却还是没法不忧郁。

文艺在这个空间里变质了，表演在这个空间里意味着下流。然而，同时却也体现着敬业精神。而此点，正是使人连厌恶都于心不忍的一点。人头脑中的理性在这种地方发生扭曲了，如同巧克力、糖浆和臭酱搅在一起了。

我不记得他是怎样离开舞台的了，似乎是被他的一位女搭档拖下台去的。也似乎，他真的有几分醉了。

真的吗？

我不能肯定。

或许，那醉态只不过是表演。

他的女搭档，却堪称一位美丽的女郎。高挑的个子，亭亭玉立，穿得相当暴露，灯光之下皮肤白皙得发亮。东北三省，即使在农村，也往往会生出那类美人。正如时下人们惯说的，"一不小心"，不知哪家就出现了一个。她们的美丽，一点儿也不逊于某些女明星或名模。然而，她们的命运，则往往另当别论了。

朋友认为他和她是夫妻。

这使我又不由得替他感到幸运、幸福……

现在，他显出了他性情的本真——一个天生喜欢安静的、内向的、沉默寡言的男人。甚至，竟还是一个彬彬有礼的人。

我以小说家观察人的经验看出了这一点。

我想，如果我们在社交场合面对他那样一个人，他会给我们以极绅士的印象。如果我们给他名片，他会是那种用双手来接的男人。如果不主动给，他会是那种绝不至于主动开口要的男人，不管我们是谁。

他的舞台经历，似乎已使他将人世及人性的真相参透。即使不是完全参透了，肯定也参得半透了。

他安安静静、稳稳重重地坐在那儿，漠然地望着台下的看客。漠然而却又具有研究的意味，似乎在望着低于人的一群动物。

是的，确实那样——我觉得他望着台下包括我在内的那些个看客，真的像是在望着二百几十只疑似人的猴子。如许多疑似人的猴子精神饥渴地希望台上的表演者喂给东西。笑声也罢，掌声也罢，都体现着精神之口一口接住囫囵吞下的快感。他刚才是"喂"过我们了，他的任务已完成了，可以坐于一侧歇会儿，看别人接着怎么"喂"我们，以及我们接着呈现的种种"吃"相了。

刚才是别人花了钱在看他。

现在是他不花钱在看别人。看得饶有兴趣似的，漠然且有耐性。

他发现了我在观察他，微微眯了一下眼睛，也定定地看了我几秒钟。之后，目光滑转，望向别人了。那时他仿佛是一只猫，显示出猫的宠辱不惊、淡定自若。

那会儿在台上表演着的是一个瘦高青年。也照例唱了几句歌，飙出几声高音，之后便说出"段子"来。他的"绝活儿"是坐于地，将双腿扳起，置于肩上，像只大蛙般地在台上蹦了一圈儿……

又上台的也是个瘦高青年，其"绝活儿"难得一见——他掏出一只橡胶手套，使劲撑开后套在头上。手套五指竖立着,像白色的冠。却没将嘴也套入进去,嘴在外边,大口吸气,鼻孔出气。一吸一出,手套渐渐被气充大,涨得很薄。大如轮时,薄至透明,可见其内面目。表演者似乎已气力不济,仰倒台上,磨转翻滚,似受苦刑,状态可怜。有几秒钟,竟一动不动。

坐在舞台右侧那个人站了起来,面有不安,欲上前去。

鸦雀无声的看客间一阵骚动,我的左右也有人站了起来,踮足引颈向台上呆望。

猝然一声爆响,碎片四飞,有一片落于台下,表演者同时一跃而起。

"好!"

一声喝彩,喊出特江湖的意味,听来很古代。

于是一阵"义手"拍出掌声。

掌声中,我的观察对象退回原处,重新坐下。那时我见他微微摇一下头,面呈一丝苦笑。

他的举动,增加了我对他的好感。他的苦笑,在我看来挺沧桑。

依次上台的是一对搭档。女子矮胖,扎羊角冲天辫儿,穿花衣裤,擦红了脸蛋,一副阿福的模样。而男青年则穿唐装,戴瓜皮帽,分明亦属不伦不类,使人顿生"秦时明月汉时关"的时光倒错之感。

那会儿我在想着一些事了,没注意他俩在表演什么。

我首先想到，看来自己打算创作的电视剧，是没必要动笔了。因为诚如朋友所言，那种边转边唱边舞彩帕的传统"二人转"，现今的人们有几个还喜欢看呢？并且必然塑造不出女主人公表演时那种大俗成绝的泼辣劲儿了呀！我笔下再自由，也总不能将"黄"的、"荤"的一股脑儿往剧本里塞呀！与台上那些表演相比，传统"二人转"的"俗"岂不是简直太"文"了吗？便一时郁闷了。

又联想到了《巴黎圣母院》——舞台上的表演，也许与雨果笔下巴黎愚人节草根社区的狂欢、胡闹差不多吧？在雨果笔下，美丽又风情万种的艾丝美拉达的舞蹈，以及伴她左右的那只具有灵性的白色小山羊，毕竟还是放浪形骸的胡闹氛围中的美艺奉献。尽管充满诱惑，却连那诱惑也是美的。可在这儿，舞台上表演的尽是些什么乱七八糟的内容呢？连点儿诱惑之美也没有呀！

还联想到了莫扎特。他在成为宫廷乐师后，每乔装了溜到草根社区去，混迹于下等酒吧，与民间艺人和妓女们纵情声色。但即使在那种地方，也还是能听到美的歌，赏到美的舞，看到不失水准的魔术和杂耍。往往，还有民间诗人激情澎湃或一吟三叹地朗读他们的诗——起码，我所读过的一些书籍是那么告诉我的。

可这个舞台上，却只有恶搞和胡闹而已。

然而，每一位表演者都是在多么敬业地恶搞，多么敬业地胡闹啊！仅有少数内容，还勉强算得上是节目。偏偏又是那勉强算得上是节目的表演，却又难以获得掌声与喝彩。

在这个空间，所谓"文艺"，有着另外的标准。一种越庸俗堕落、越厚颜无耻越好似的标准。

这儿的舞台，更像是生存场。

每一位表演者，或许都有类似祥子和小福子的命境以及梦想。他们的人生况味，非是台下的看客们所知晓的。他们的苦辣酸甜，肯定最不愿道与看客们听的。他们需要看客，然而依我想来，未必就不鄙视和嫌恶着看客。如果他们的入行、出道只不过是权衡下的沦落，那么几乎可以说是形形色色的看客迫使他们堕落的——我猜，他们下台之后，也许都会这么想。

这里的舞台如《生死场》。

不知怎么回事，台上的"阿福"，在用鞋底儿一记接一记扇着"来喜"的耳光了，边扇边呵斥："会不会说话啊？！"

"来喜"诺诺连声，解释了一句什么，结果又是"阿福"不爱听的话，颊就又挨了一鞋底儿。

"好！"

有人大喝其彩。

一阵疑似的"掌"声。

喝彩之声和掌声，如针扎我心。

朋友小声说："我数着呢，都十六下了！那女的是不是来真的了呀？"

啪！——第十七记扇在"来喜"颊上。

"好！"——几条嗓子同时喊的。

更长的一阵"掌"声。

坐在台右侧那个人走到了一对搭档之间，他劝"阿福"。然而"阿福"却不依不饶，越发泼悍，"来喜"惧怕得绕着台躲。

连第一个小伙子也上台相劝了。他脸不红了，酒劲儿过去了。并且，也换了身合体的衣服。那时的小伙子，委实有股子帅劲儿。

"不羡神仙羡少年"——我头脑中闪过了一句古诗。

那会儿的台上，如同街头闹剧。我的目光，一会儿望向那三十二三岁的男子，一会儿望向小伙子。而他俩，一位像是大学里的青年教师在劝架，特知识分子劲儿地劝着，却总劝一句话："别这样，别这样。"像不会劝，不得不劝。小伙子则像是他的学生，与老师同行至街口，遇到特殊情况了，老师已在示范着相劝，自己又怎能不实习着劝呢？也总劝一句："得啦，得啦……"

我诧异——因为那会儿，我从小伙子脸上看出了腼腆！

那个敬业地结束了表演的小伙子,他又出现在台上时,将他的真性情也带在脸上了。正如那个三十二三岁的,这会儿像是大学历史系或哲学系教授的男子,将他刚才表演时必戴不可的丑俗假面留弃在后台了。

我忘了他们都是怎样下台去的。

我也不记得整场节目是怎么结束的。

我只注意观察那些与"二人转"没什么关系却又不得不打着"二人转"招牌卖艺的人的脸了。

当朋友跟我说话时,剧场里已只剩我俩还坐在座位上了。

朋友问:印象如何?

我说:一种忧伤。

朋友又问:忧伤?那,能接受吗?

我说:根本不能。

可,在东北三省,他们是一个不小的"族群"呢!据说,有两三千人。两三千个家庭,靠他们这么挣钱过生活,脱贫。除了这一行,没有另外一行,能使他们每月挣六七千、一万多。不过他们的收入极不稳定,一旦没人招聘,那就没有收入了。他们唯一擅长的,就是表演那些。他们最担心的,就是这样的表演场所被取缔了……

所以我忧伤。

如果你是文化官员,会严令取缔吗?

不。你呢？

也不。不忍。取缔了叫他们一时去干什么？目前工作这么难找，失业的人在增加……

祝他们目前的人生顺遂吧！

当某现象与某些人的生存之道连在了一起，如果那现象并不构成对社会和对别人的犯罪性危害，如果"某些人"是人数不少的人，则我就会对"生存"二字执敬畏的态度，将文人清高的一己之见收敛不宣了。

在此点上，我承认我是"分裂"的。

并且，不以为自己多么随俗可耻。

当我和朋友走出剧场时，马路上已清静了。剧场门口，伫立着几个人。

朋友小声说：是他们。

我也看出来了。

我忽然很想吸支烟，却只带了烟，没带打火机。

我问他们：谁能借个火？

有人掏出了打火机，并且按着，一手拢着伸向我。我吸着烟后，看他一眼，见是那个曾在台上将橡胶手套往头上套的瘦高的小伙子。

我说：谢谢。

他说：不客气。

我问：几点了？——为的是能再端详他们一番。

一个姑娘打开手机看一眼说：差五分十点了。

台下的他们，真性情的他们，依我的眼看来，竟皆是平静之人、沉默寡言之人、内向之人、腼腆之人、彬彬有礼之人，甚至，斯文之人。

似乎也皆是，有道德感的人，脱离了低级趣味的人……

我以小说家自认为敏锐的眼，望着那样的一张张年轻而心存隐忧的脸，想要对他们微笑一下，却面肌发僵，没笑成。

又来了几个骑摩托或自行车的人，也是他们一伙的。于是他们被摩托和自行车带走了。

有人临去还对我们说：再见……

我转身看那剧场的门面，又一次联想到了《生死场》。心情，便又被难以言说的忧郁所浸淫。

朋友说：他们是去公共浴池赶场了。那种地方晚上都成了价格便宜的旅店，这个时间，他们还能在那种地方继续表演……

我不知说什么好，只有缄默。

远处忽然传来了沉闷的雷声。霎时起一阵大风，要下雨了。

# 紧绷的小街

迄今，我在北京住过三处地方了。

第一处自然是从前的北京电影制片厂院内。自1977年始，我在这里住了十二年筒子楼。往往一星期没出过北影大门，家、食堂、编导室办公楼，白天晚上数次往返于三点之间，像继续着大学生的校园生活。出了筒子楼半分钟就到食堂了，从食堂到办公室才五六分钟的路，比之于今天在上下班路上耗去两三个小时的人，上班那么近实在是一大福气了。

1988年年底，我调到了中国儿童电影制片厂，次年夏季搬到童影宿舍。这里有一条小街，小街的长度不会超过从北影的前门到后门，很窄，一侧是元大都的一段土城墙。当年城墙遗址杂草丛生，相当荒野。小街尽头是总参的某干休所，所谓"死胡同"，车辆不能通行。当年有车人家寥寥无几，"打的"也是一件挺奢侈的事，进出于小街的车辆除了出租车便是干休所的车了。小街上每见住在北影院内的老导演、老演员们的身影，或步行，或骑自行车，或骑电动小三轮车，车后座上坐着他们的老伴儿。他们一位位的名字在中国电影史上举足轻重，掷地有声。当年北影的后门刚刚改造不久，小街曾很幽静。

又一年，小街上有了摆摊的。渐渐，就形成了街市，几乎卖什么的都有了。别的地方难得一见的东西，在小街上也可以买到。我在小街买过野蜂窝，朋友说是人造的，用糖浆加糖精再加凝固剂灌在蜂窝形的模子里，做出的"野蜂窝"要多像有多像，过程极容易。我还买过一条一尺来长的蜥蜴，卖的人说用黄酒活泡了，那酒于是滋补。我是个连闻到酒味儿都会醉的人，从不信什么滋补之道，只不过买了养着玩儿，不久就放生了。我当街理过发，花二十元当街享受了半小时的推拿，推拿汉子一时兴起，强烈要求我脱掉背心，我拗他不过，只得照办，吸引了不少围观者。我以十元钱买过三件据卖的人说是纯棉的出口转内销的背心。也买过五六种印有我的名字、我的照片的盗版书，其中一本的书名是《爱与恨的交织》，而我根本没写过那么一本书。当时的我穿着背心、裤衩，趿着破拖鞋，刚剃过光头，几天没刮胡子。我蹲在书摊前，看着那一本厚厚的书，吞吞吐吐地竟说："这本书是假的。"

卖书的外地小伙子瞪我一眼，老反感地顶我："书还有假的吗？假的你看半天？到底买不买？"

我说我就是梁晓声，而我从没出版过这么一本书。

他说："我看你还是假的梁晓声呢！"

旁边有认识我的人说中国有多少叫梁晓声的不敢肯定，但他肯定是作家梁晓声。

小伙子夺去那本书，"啪"地往书摊上一放，说："难道全中国只许你一个叫梁晓声的人是作家？！"

我居然产生了保存那本书的念头，想买。小伙子说冲我刚才说是假的，一分钱也不便宜给我，爱买不买。我不愿扫了他的兴又扫我自己的兴，二话没说就买下了。待我站在楼口，小伙子追了上来，还跟着一个小女子，手拿照相机。小伙子说她是他媳妇儿，说："既然你是真的梁晓声，那证明咱俩太有缘分了，大叔，咱俩合影留念吧！"人家说得那么诚恳，我怎么可以拒绝呢？于是合影，恰巧走来人，小伙子又央那人为我们三个合影，自然是我站中间，一对小夫妻一左一右，都挽着我手臂。

使小街变脏的首先是那类现做现卖的食品摊——煎饼、油条、粥、炒肝、炸春卷、馄饨、烤肉串，再加上卖菜的，再加上杀鸡宰鸭剖鱼的……早市一结束，满街狼藉，人行道和街面都是油腻的，走时粘鞋底儿。一下雨，街上淌的像刷锅水，黑水上漂着烂菜叶，间或漂着油花儿。

我在那条小街上与人发生了三次冲突。前两次互相都挺君子，没动手。第三次对方挨了两记耳光，不过不是我扇的，是童影厂当年的青年导演孙诚替我扇的。那时的小街，早六七点至九十点钟，已是水泄不通，如节假日的庙会。即使一只黄鼬，在那种情况之下企图蹿过街去也是不大可能的。某日清晨，我在家中听到汽车喇叭响个不停，俯窗一看，见一辆自行车横在一辆出租车前，自行车两边一男一女，皆三十来岁，衣着体面。出租车后，是一辆搬家公司的厢式大车。两辆车一被堵住，一概人只有侧身梭行。

我出了楼，挤过去，请自行车的主人将自行车顺一下。

那人瞪着我怒斥："你他妈少管闲事！"

我问出租车司机怎么回事，他是不是剐蹭着人家了？

出租车司机说绝对没有，他也不知对方为什么要挡住他的车。

那女的骂道："你他妈装糊涂！你按喇叭按得我们心烦，今天非堵你到早市散了不可！"

我听得来气，将自行车一顺，想要指挥出租车通过。对方一掌推开我，复将自行车横在出租车前。我与他如是三番，他从车上取下了链锁，威胁地朝我扬起来。

正那时，他脸上啪地挨了一大嘴巴子。还没等我看清扇他的是谁，耳畔又听啪的一声。待我认出扇他的是孙诚，那男的已乖乖地推着自行车便走，那女的也相跟而去，两个都一次没回头……至今我也不甚明白那一对男女为什么会是那么一种德行。

两年后"自由市场"被取缔，据说是总参干休所通过军方出面起了作用。

如今我已在牡丹园北里又住了十多年，这里也有一条小街，这条小街起初也很幽静，现在也变成了一条市场街，是出租汽车司机极不情愿去的地方。它的情形变得与十年前我家住过的那条小街又差不多了。闷热的夏日，空气中弥漫着腐败腥臭的气味儿。路面重铺了两次，过不了多久又粘鞋底儿了。下雨时，流水也像刷锅水似的了，像中华人民共和国成立前财主家阴沟里淌出的油腻的刷锅水，某几处路面的油腻程度可用铲子铲下一层来。人行道名存实亡，差不多被一家紧挨一家的小店铺完全占据。今非昔比，今胜过昔，街道两侧一辆紧挨一辆停满了廉价车辆，间或也会看到一辆特高级的。

早晨七点左右"商业活动"开始，于是满街油炸烟味儿。上班族行色匆匆，有的边吃边走。买早点的老人步履缓慢，出租车或私家车明智地停住，耐心可嘉地等老人们蹒跚而过。八点左右街上已乱作一团，人是更多了，车辆也多起来。如今买一辆廉价的二手车才一两万元，租了门面房开小店铺的外地小老板十之五六也都有车，早晨是他们忙着上货的时候。太平庄那儿一家"国美"商城的免费接送车在小街上兜了一圈又一圈，相对于对开两辆小汽车已勉为其难的街宽，"国美"那辆大客车是庞然大物。倘一辆小汽车迎头遭遇了它，并且各自没了倒车的余地，那么堵塞半小时、一小时是家常便饭。"国美"大客车是出租车司机和驾私家车的人打内心里厌烦的，但因为免费，它却是老人们的最爱。真的堵塞住了，已坐上了它或急着想要坐上它的老人们，往往会不拿好眼色瞪着出租车或私家车，显然他们认为一大早添乱的是后者。

傍晚的情形比早上的情形更糟糕。六点左右，小饭店的桌椅已摆到人行道上了，仿佛人行道根本就是自家的。人行道摆满了，沿马路边再摆一排。烤肉的出现了，烤海鲜的出现了，烤玉米、烤土豆片和地瓜片的也出现了。时代进步了，人们的吃法新颖了，小街上还曾出现过烤茄子、青椒和木瓜的摊贩。最火的是一家海鲜店，每晚在人行道上摆二十几套桌椅，居然有开着"宝马"或"奥迪"前来大快朵颐的男女，往往一吃便吃到深夜。某些男子直吃得脱掉衣衫，赤裸上身，汗流浃背，喝五吆六，划拳行令，旁若无人。乌烟瘴气中，行人嫌恶开车的；开车的嫌恶摆摊的；摆摊的嫌恶开店面的；开店面的嫌恶出租店面的——租金又涨了，占道经营等于变相地扩大门面，也只有这样赚得才多点儿。通货膨胀使他们来到北京打拼人生的成本大大提高了，不多赚点儿怎么行呢？而原住居民嫌恶一概之外地人——当初这条小街是多么幽静啊，看现在，外地人将这条小街搞成什么样子了？！那一时段，在这条小街，几乎所有人都在内心里嫌恶同胞……

而在那一时段，居然还有成心堵车的！

有次我回家，见一辆"奥迪"斜停在菜摊前。那么一斜停，三分之一的街面被占了，两边都堵住了三四辆车，喇叭声此起彼伏。车里坐一男人，听着音乐，悠悠然地吸着烟。

我忍无可忍，走到车窗旁冲他大吼："你他妈聋啦？！"

他这才弹掉烟灰，不情愿地将车尾顺直。于是，堵塞消除。原来，他等一个在菜摊前挑挑拣拣买菜的女人。那一时段，这条街上的菜最便宜。可是，就为买几斤便宜的菜，至于开着"奥迪"到这么一条小街上来添乱吗？我们的某些同胞多么难以理解！

那男人开车前，瞪着我气势汹汹地问："你刚才骂谁？"

我顺手从人行道上的货摊中操起一把拖布，比他更气势汹汹地说："骂的就是你，浑蛋！"

也许见我是老者，也许见我一脸怒气，并且猜不到我是个什么身份的人，还自知理亏，他也骂我一句，将车开走了……

能说他不是成心堵车吗？！

可他为什么要那样呢？我至今也想不明白。

还有一次——一辆旧的白色"捷达"横在一个小区的车辆进出口，将院里、街上的车堵住了十几辆，小街仿佛变成了停车场，连行人都要从车隙间侧身而过。车里却无人，锁了，有个认得我的人小声告诉我——对面人行道上，一个穿T恤衫、吸着烟的男人便是车主。我见他望西洋景似的望着堵得一塌糊涂的场面幸灾乐祸地笑。毫无疑问，他肯定是车主。也可以肯定，他成心使坏是因为与出入口那儿的保安发生过什么不快。

那时的我真是怒从心头起，恶向胆边生。倘身处古代，倘我武艺了得，定然奔将过去，大打出手，管他娘的什么君子不君子！然我已老了，全没了打斗的能力和勇气。但骂的勇气却还残存着几分。于是撇掉斯文，瞪住那人，大骂一通浑蛋、王八蛋、狗娘养的！

我的骂自然丝毫也解决不了问题。最终解决问题的是交警支队的人，但那已是一个多小时以后的事了。在那一个多小时内，坐在人行道露天餐桌四周的人们，吃着喝着看着"热闹"，似乎堵塞之事与人行道被占一点儿关系都没有……

十余年前，我住童影宿舍所在的那一条小街时，曾听到有人这么说——真希望哪天大家集资买几百袋强力洗衣粉、几十把钢丝刷子,再雇一辆喷水车,发起一场义务劳动,将咱们这条油腻肮脏的小街彻底冲刷一遍!

如今,我听到过有人这么说——某时真想开一辆坦克,从街头一路轧到街尾!这样的一条街住久了会使人发疯的!

在这条小街上,不仅经常引起同胞对同胞的嫌恶,还经常引起同胞对同胞的怨毒气,还经常造成同胞与同胞之间的紧张感。互相嫌恶,却也互相不敢轻易冒犯。谁都是弱者,谁都有底线。大多数人都活得很隐忍,小心翼翼。

街道委员会对这条小街束手无策。他们说他们没有执法权。

城管部门对这条小街也束手无策。他们说要治理,非来"硬"的不可,但北京是"首善之都",怎么能来"硬"的呢?

新闻单位被什么人请来过,却一次也没进行报道。他们说,我们的原则是报道可以解决的事,明摆着这条小街的现状根本没法解决啊!

有人给市长热线一次次地打电话,最终居委会的同志找到了打电话的人,劝说——容易解决不是早解决了吗?实在忍受不了你干脆搬走吧!

有人也要求我这个区人大代表应该履责,我却从没向区政府反映过这条小街的情况。我的看法乃是——每一处摊位，每一处门面，背后都是一户人家的生计、生活甚至生存问题，悠悠万事，唯此为大。

在小街的另一街口，一行大红字标志着一个所在是"城市美化与管理学院"。相隔几米的街对面，人行道上搭着快餐摊棚。下水道口近在咫尺，夏季臭气冲鼻，情形令人作呕。

城管并不是毫不作为的。他们干脆将那下水道口用水泥封了，于是那儿摆着一个盛泔水的大盆了。至晚，泔水被倒往附近的下水道口，于是另一个下水道口也臭气冲鼻，情形令人作呕了。

又几步远，曾是一处卖油炸食物的摊点。经年累月，油锅上方的高压线挂满油烟嘟噜了，如同南方农家灶口上方挂了许多年的腊肠。架子上的变压器也早已熏黑了。某夜，城管发起"突击"，将那么一处的地面砖重铺了，围上了栏杆，栏杆内搭起"执法亭"了。白天，摊主见大势已去，也躺在地上闹过，但最终以和平方式告终。

本就很窄的街面，在一侧的人行道旁，又隔了一道80厘米宽的栏杆，使那一侧无法停车了。理论上是这样一道算式——斜停车辆占路面1.5米宽即150厘米的话，如此一来，无法停车了，约等于路面被少占了70厘米。两害相比取其轻，不得已而为之的办法，一种精神上的"胜利"。这条极可能经常发生城管人员与占道经营、无照经营、不卫生经营者之间的严峻斗争的小街，十余年来，其实并没发生过什么斗争事件。斗争不能使这一条小街变得稍好一些，相反，恐怕将月无宁日，日无宁时。这是双方都明白的，所以都尽量地互相理解，互相体恤。

也不是所有的门面和摊位都会使街道肮脏不堪。小街上有多家理发店、照相馆、洗衣店、打印社，还有茶店、糕点店、眼镜店、鲜花店、房屋中介公司、手工做鞋和卖鞋的小铺面，它们除了方便于居民，可以说毫无负面的环境影响。我经常去的两家打印社，主人都是农村来的。他们的铺面月租金五六千元，而据他们说，每年还有五六万的纯收入。

这是多么养人的一条小街啊！出租者和租者每年都有五六万的收入，而且或是城市底层人家，或是农村来的同胞，这是一切道理之上最硬的道理啊！其他一切道理，难道还不应该服从这一道理吗？

在一处拐角，有一位无照经营的大娘，她几乎每天据守着一平方米多一点儿的摊位卖咸鸭蛋。一年四季，寒暑无阻，已在那儿据守了十余年了。一天才能挣几多钱啊！如果那点儿收入对她不是很需要，七十多岁的人了，想必不会坚持了吧。

大娘的对面是一位东北农村来的姑娘，去年冬天她开始在拐角那儿卖大馇子粥。一碗三元钱，玉米很新鲜，那粥香啊!她也只不过占了一平方米多一点儿的人行道路面。占道经营自然是违章经营,可是据她说,每月也能挣四五千元!因为玉米是自家地里产的,除了点儿运费,几乎再无另外的成本。她曾对我说:"我都二十七了还没结婚呢,我对象家穷,我得出来帮他挣钱,才能盖起新房啊!要不咋办呢?"

再往前走十几步,有一位农家妇女用三轮平板车卖豆浆、豆腐,也在那儿坚持十余年了。旁边,是用橱架车卖烧饼的一对夫妻,丈夫做,妻子卖,同样是小街上的老生意人。寒、暑假期间,两家的两个都是小学生的女孩也来帮大人忙生计。炎夏之日,小脸儿晒得黑红。而寒冬时,小手冻得肿乎乎的。两个女孩儿的脸上,都呈现着历世的早熟的沧桑了。

有次我问其中一个:"你俩肯定早就认识了,一块儿玩不?"

她竟说:"也没空儿呀,再说也没心情!"

回答得特实在,实在得令人听了心疼。

"五一"节前,拐角那儿出现了一个五十来岁的外地汉子,挤在卖咸鸭蛋的大娘与卖鞋垫的大娘之间,仅占了一尺来宽的一小块儿地方,蹲在那儿,守着装了硬海绵的小木匣,其上插五六支风轮,彩色闪光纸做的风轮。他引起我注意的原因不仅是因为他卖成本那么低、肯定也挣不了几个小钱的东西,还因为他右手戴着原本是白色、现已脏成了黑色的线手套,一种廉价的劳保手套。

我心想:你这外地汉子呀,北京再能谋到生计,这条街再养得活人,你靠卖风轮那也还是挣不出一天的饭钱的呀!你这大男人脑子进水啦?找份什么活儿干不行,非得蹲这儿卖风轮?然而,我一次、两次、三次、四次地看到他挤在两位大娘之间,蹲在那儿,五月快过去了他才消失。

我买鞋垫时问大娘:"那人的风轮卖得好吗?"

大娘说:"好什么呀!快一个月了只卖出几支,一支才卖一元钱,比我这鞋垫儿还少五角钱!"

卖咸鸭蛋的大娘接言道:"他在老家农村干活儿时,一条手臂砸断了,残了,右手是只假手。不是觉得他可怜,我俩还不愿让他挤中间呢……"

我顿时默然。

卖咸鸭蛋的大娘又说,其实她一个月也卖不了多少咸鸭蛋,只能挣五六百元而已。这五六百元还仅归她一半儿。农村有养鸭的亲戚,负责每月给她送来鸭蛋,她负责腌,负责卖。

"儿女们挣得都少,如今供孩子上学花费太高,我们这种没工作过也没退休金的老人,"——她指指旁边卖鞋垫的大娘,"哪怕每月能给第三代挣出点儿零花钱,那也算儿女们不白养活我们呀……"

卖鞋垫的大娘就一个劲儿点头。

我不禁联想到了卖豆制品的和卖烧饼的。他们的女儿,已在帮着他们挣钱了。父母但凡工作着,小儿女每月就必定得有些零花钱——城里人家尤其是北京人家的小儿女,与外地农村人家的小儿女相比,似乎永远是有区别的。

我的脾气,如今竟变好了。小街日复一日、年复一年地教育了我,逐渐使我明白我的坏脾气与这一条小街是多么不相宜。再遇到使我怒从心起之事,每能强压怒火,上前好言排解了。若竟懒得,则命令自己装没看见,扭头一走了之。

而这条小街少了我的骂声,情形却也并没更糟到哪儿去。正如我大骂过几遭,情形并没有因而就变好点儿。

我觉得不少人都变得和我一样好脾气了。

有次我碰到了那位曾说恨不得开辆坦克从街头轧到街尾的熟人。

我说:"你看我们这条小街还有法儿治吗?"

他苦笑道:"能有什么法儿呀?理解万岁呗,讲体恤呗,讲和谐呗……"

由他的话,我忽然意识到,紧绷了十余年的这一条小街,它竟自然而然地生成了一种品格,那就是人与人之间的体恤。所谓和谐，对于这一条小街，首先却是容忍。

有些同胞生计、生活、生存之艰难辛苦，在这一条小街呈现得历历在目。小街上还有所小学——瓷砖围墙上，镶着陶行知的头像及"爱满天下"四个大字。墙根低矮的冬青丛中藏污纳垢，叶上经常粘着痰。行知先生终日从墙上望着这条小街，我每觉他的目光似乎越来越忧郁，却也似乎越来越温柔了。

尽管时而紧张，但十余年来，却又未发生什么溅血的暴力冲突——这也真是一条品格令人钦佩的小街！

发生在小街上的一些可恨之事，往细一想，终究是人心可以容忍的。

发生在中国的一些可恨之事，却断不能以"容忍"二字轻描淡写地对待。

"为之于未有，治之于未乱。"——老聃此言胜千言万语也！

# 小村的往世今生

## （一）

你这个浪得虚名的爬格子的人，我想我可以称你为"写家"。早年间，也就是很久很久以前，我还在胎儿阶段，没形成一个村子的时候——人们称开店的为"店家"，称摆渡的为"船家"，称卖酒的为"酒家"，皆礼称。现而今的人称你这类人为"作家"，这是我不习惯的。恕罪了。何况"作家"与"作假"谐音，不见得反而是好称呼，也不如"写家"听起来那么明明白白。"作家"者，究竟做什么的呢？你自己就不觉得是不三不四的称呼吗？

梁写家，我认为，你与我这个小村之间的关系，实属一种缘分关系。若非缘分促成，你这个北方人，并且一向写北方的写家，何以会写起我这个西南省份的，名不见经传的小小村子来呢？但我声明，我仅仅将我们的关系视为一种缘分而已，一点儿也不觉得是我的荣幸。作为一个小小的、地处偏域的村子，我并不像人那么喜欢出名。而且清楚，即使我非常渴望出名，你的笔也不能够使我出名。一位人物也罢，一座城市、一个村子、一处风景之地也罢，其出名，总得有点儿必然性。我是一个默默无闻的小村，正如一个没什么事迹可宣扬的人。故我很有自知之明，你写不写我，对我都是无所谓的。你写了我，我以后也好不到哪儿去。没谁写我，我以后也糟不到哪儿去。对于我，最最不好的结果，无非就是以后渐渐消失了。我对此早有充分的"心理准备"。消失就消失了吧，我一点儿也不在乎，更不会觉得沮丧和悲凉。正如我的形成之初，不曾使我觉得欢喜。

我是无心可言的。

我是无情的存在。

我说有充分的"心理准备"，乃指我目前的居者们有充分的"心理准备"。

我每将人心当成我心，也每说成是自己的心。

但人心终究是人心。三十年河东，三十年河西；世事沧桑，人心易变。说法只不过是说法，人心从不曾转化为一个村子的心，故我也从来就没有过心。我比人看世事的变迁看得开，更想得开。我与人的不同在于——每一个人，包括少数后来视死如归的人，都在某一个年龄段产生过怕死的心理。而我作为一个村子，是从不曾怕"死"过的。正如我从不曾庆幸过我的"生"也就是我的形成。

我目前的居者们，就是你所见到的那些老弱病残之人，他们对于我有朝一日必将消失，不是已很看得开了吗？他们已然如此了，我还有什么看不开、想不开的呢？我成为他们的村，他们成为我的居者，也只不过是一种缘分而已。

缘分都是有时限的。好比人间的那句老话："世上没有不散的筵席。"

那一年那一日，你从远道来。在我的面前，你的言谈使我产生了这样一种想法——我的又一个缘中之人来了。

我视我的每一个居者皆为缘中之人。

你断不会成为我的一个新的居者，这是秃子头上的虱子——明摆着的。尽管如此，你还是引起了我的注意。因为同行者们仅仅关心我的居者们的生活情况，而你同时关心我的史，也就是我的往世。

我明白，你关心我的往世，其实也是为了替我的居者们将命运看得更远些。然而毕竟有人同时想要了解我本身的史了，这使我多少获得了一点儿欣慰。

你们那一行人是因为中国农村的"空巢"现象以及"留守儿童"现象而来的对吧？你这一个北方的写家走进

了我这个西南某省的小村，是因为我这个小小的偏域之村出息了一个人物是大学教授，还和你一样是民盟的人士，也是省政协的委员。否则，你既不会知道中国有我这么一个小小的村子，更不会产生写我的念头。

我想你应该坦率承认这一点。

正因为你也关心我的史，所以我通过我的某些居者的口，告诉了你那些关于我的，已逐渐被老一辈人淡忘了的往事。由于老一辈人是那么容易淡忘，连现在三四十岁的人也不知道了。而所谓"80后""90后"，根本就不想了解，不想知道……

## （二）

大韩村，是的，我正在北京的家中写你。写你的史，写你那些默默无闻的居者。

我不认为一个村子是无心的；或者换一种说法，我认为一个村子也是有灵魂的。

心随身死，这是生命的规律。不死之心，是移植的心。即使手术极成功，终究还是会死的。世上没有多次移植而跳动依然的心。但论到灵魂，尽管我是无神论者，却比较愿意接受灵魂存在的观点。灵魂恰恰是向死而生的。

我从你的昨天，悟明白了你的现在为什么是如此了无生气的。我从你的现在,像你自己一样,预见到了你必将消失的明天。

我不能为阻止这一结局而做什么。

事实上我同样明白,你的那些老弱病残的居者,对你的感情是极其矛盾的——老人们希望自己是你最后的一代居者,有出息的儿女的人生最好不再与你发生联系。而孩子们盼着父母有朝一日将他们带往某一座城市里的另外一处家的信念,远远强烈于盼着父母回到你这里的家的愿望。

这种极其矛盾的感情,形成于他们对你的一代代的失望。

请你不要委屈,更不必生气。

在你的史中,所有那些不好的事,都错不在你,更不是你的罪过。

比如20世纪的1958年,离你较近的城里的人们,为了实现中国的钢铁产量"超英赶美",一批批涌到你这里,对山上的树木乱砍滥伐。

当年有一位老支书曾声泪俱下地跪求:"不要那样啊,山上可都是些香樟树、黄花梨呀!之前代代老辈人栽的呀,日子多穷多苦都没人舍得砍一棵卖钱呀,为的是给后辈人留点儿过好日子的资源呀!"人们却嘲笑他,说他老糊涂了——就要实现共产主义了,一山的香樟树、黄花梨有什么稀罕?!

老支书又说:"树没了,是要发山洪的呀!家家户户傍山而居,一发山洪,村就没了呀!还会死人啊……"

结果有领导认为他危言耸听,涣散人心,于是组织开他的批判会。

他在当天夜里自缢身亡。

至秋下了半个多月的雨,山洪果然暴发,半数村舍无影无踪,大人孩子死了十一口……然而,这个责任是不能追究的。

人们也只有在洪灾过后,默默地含悲忍痛地重建家园。而且,仍只能傍山而建。不傍山而建又往哪儿建呢?平地是一百几十亩农田,图安全那也不能占了农耕田地呀!从此以后,一到山洪易于暴发的季节,全村人便集体躲避到小学校去……

大韩村,大韩村,这不是你所愿见的呀!

比如之后的60年代,村里已开始有人饿死……

比如70年代,人们斗后来的支书像斗以前的恶霸地主那么冷酷无情,将前几年亲人被活活饿死的憎恨一股脑地发泄在他身上,生生打断他一条腿……

大韩村,大韩村,你知道的,他也有亲人当年活活饿死了呀!你说,他是不是和你一样有理由感到委屈?

80年代了,分田到户了。地少人多,分到户了,也还是个穷呀!

有一年人们又开始刨山上的树根。

城里的根雕厂、根雕匠争先恐后来收购老树根,比起在田里刨钱,那价格不可能不令穷愁的村人们眼红呀!

被打断过腿的老支书一瘸一拐地,挨家挨户地劝止。

他说:"咱这是泥抱石的山呀!将树根全刨了,后果会比山洪还厉害呀……"

可当年人们心里眼里,确实只有钱了。贫穷不可能不使急于脱贫的人目光短浅。

若使他们目光远大是需要有威望的导师的。那时的他们心目中已不存在导师了,更别说有什么威望的。给他点儿面子的白天不上山,晚上偷偷上山,不给他面子的冷言冷语地顶他。当时的人们都顾不上干地里的活了!山上能刨出现钱啊!自从有了钱这种东西,全世界的农民最缺的就是现钱。一个国家的好时代的标志之一,不但是要使农民有属于自己名下的一块土地乐意地耕种着,还要使农民一年到头都多少有些现钱可花。已经20世纪80年代了,中国农民虽然终于有了属于自己的土地,但平时缺的却仍是现钱!三个壮劳力合伙在山上刨出一个直径半米的树根,当年只不过能卖六七十元,每人只不过能分二十几元。像刨人参一样辛辛苦苦保持根须尽量完好无损地挣到手的二十几元,便能使他们心满意足、乐不可支。不久,那一座山深坑遍布惨不忍睹了!

大韩村,大韩村呀,我知道你因此事一直耿耿于怀,难以原谅那些村民,用你的话说是你的那些居者。由他们自己所做的又毁灭了一次你的蠢事,使你开始深深地嫌弃他们。但是你啊,大韩村啊,请还是原谅,不,宽恕了他们吧!当年的他们,几乎全都被现钱诱惑得像中了魔一样啊!

第一年雨水少,平安无事。

第二年也雨水少,还是平安无事。

第三年雨水特多,祸事到底来了,你的居者们遭到了报应。泥石流在大白天就发生了,覆盖了半村的房舍。所幸当时大人们都在地里收获,并没有造成伤亡。

这真是不幸中的万幸啊!

## (三)

梁写家,打住。

我必须截断你的话。因为事实是,大人们虽然没有伤亡,但泥石流夺走了几个孩子的生命。那时大多数孩子还没放学,否则痛不欲生的将是多数人家!当年没有几个本地以外的人知道这件事。你采访过的那些人对你隐瞒实情,乃因为那是不少人家讳言的大疼,而且悲剧是由大人们一手造成的，这使每一个大人都觉得自己是罪人。可我就不理解了，连这一件事，他们居然也怪在我的头上！后来我常听他们说，前儿辈做了什么必受惩罚的事，使咱们成了这个鬼地方的农民？我倒要问问你这位据说写了两千几百万字的写家，你也亲眼所见了，这地方有山有水，有一百几十亩田地，一年四季空气清新，绿竹满目，怎么就成了一个鬼地方了？！

大韩村，大韩村，你不说，我还真被蒙蔽了。你一说，我因当年那几个孩子的死感到心在疼了，也顿时就明白大人们为什么不告诉我实情了。天灾可咒，人祸难言啊，何况是他们自己造成的人祸！你对他们的错事耿耿于怀，恰证明你是有心的呀！若你还能原谅他们将悲剧的发生反怪于你，则证明你有的是一颗仁慈心。

梁写家，我觉得我确曾也有过类人的心的，而且确乎是一颗仁慈心。看到落户于这里的人们越来越多，于是渐渐形成了一个村子，我为什么不高兴呢？但是后来发生的一些冷酷之事，令我对人感到费解了。这里的地主，那不过是一户在城里挣了些钱，舍得向当局买下几块这里的土地才成为地主的人呀，何必非置他于死地呢？从城里下放到这里被改造的人，也都应视为落难之人予以同情的，为什么人对人要雪上加霜呢？

大韩村，我也要说打住了。历史是射出的箭，不可能再加到弓上。我相信如果时间可以倒流，某些事不会再像当年那样发生。我相信你的居者们虽然不怎么常说反省的话，但他们内心深处实际上是有反省的。

是吗？

是的。

但愿如此。但他们后来的所作所为，依我看证明他们并没进行过反省。

你指的是他们后来又从田地里挖出过水浸木的事？

正是。水浸木嘛，无非就是被水浸泡了多年，又被泥土埋住了百年以上的自然断树。我不详细解释你也明白，那是河流改道的原因。他们那时候，又像中魔了。别家从地里挖出了水浸木，卖了个好价钱，许多人家就眼红了，也将自己家的田地挖了个乱七八糟……

唉，唉，大韩村啊，别尽说他们的不是了。一言抄百种，还不是穷将人搞成了那样嘛！一百几十亩地，七八十户人家，虽然分田到户了，日子又能有多大起色呢？

但是后来都不种粮了，改栽茶株了，于是也有现钱花了，年轻人们为什么又都纷纷往城里跑呢？在城里打工真的比在农村采茶快乐吗？

那我问你，他们在农村采茶快乐吗？

我觉得对于年轻人，是没什么快乐可言的。他们怎么会愿意一辈子是挣辛苦钱的茶农呢？从清晨采到天黑，也不过最多挣三四十元。不种粮食了,也不种菜了,那三四十元,一多半得花在吃上,所剩无几。

说得对啊大韩村,所以年轻人们才背井离乡到城里去打工。毕竟,在城里打工比在农村采茶挣得多些。也让我告诉你实情吧大韩村,他们在城里打工,确实比在农村采茶快乐些。尽管同样挣钱挣得很辛苦,有时候还受欺压,还须忍气吞声。但在城里他们一般都会加入一个农村打工青年的小群体。在那些小群体中,他们往往会获得与在农村不一样的快乐。所以,十之八九的二十几岁的他们,越来越不愿回到他们在农村的家啦!

可怜他们的父母,当年为使他们能有一处像样的家园,也到城里去打过工的。辛辛苦苦一年到头,挣得比如今的他们少多了。但是他们的父母当年多么省吃俭用啊,口挪肚攒的,终于为他们盖起了好看的楼房,起码外观好看是吧?

是的。若在城里,那一幢楼房,或者值几百万,或者值一千多万。还不是在北京、上海、广州、深圳那样的城市,在某些省会城市就该是那个价。

可是在这里,却值不了多少钱。几十万最多了。几十万谁又买啊!都是农民,儿女都留恋城市不愿回来再当农民了,这家买那家的房子干什么呢?房产在我们这种偏域农村,根本就算不上是种"产"啊。父母辈苦心建造的一处处家园，如今他们的儿女们根本不稀罕回来守望啊！

大韩村，我与你有同样的感慨。

属于父母名下的土地，他们的儿女们更不稀罕继承啦。

的确是这样。

但他们会很容易地成为城里人吗？

那要看他们想成为什么样的城市的城里人了。如果在大城市挣钱，在小城市买房，并且肯像他们的父母辈那样甘于辛苦、省吃俭用的话，打拼个十年二十年，是会成为小城市里的人的。否则，不见得会成为。

你认为他们终究没成为城里人，会再回到父母替他们守望的家园吗？

我想会的吧，否则他们可住在哪儿呢？

那时的他们，都快老了是不是？

我想……是的。不到了在城市里老无所归的那一天，是不会情愿回来的。据我所知，中国许许多多像你一样的村子里的打工青年，对自己人生最不情愿的规划，正是这样的。

那时，他们的父母早已在坟里了。

是啊。

那时，他们的父母为他们建造并为他们守望至死的家园，差不多也又成破坏的家园了。

是……啊……

那时,他们兴许又会说——我怎么是这等不济的命运,快老了,又回到了这种鬼地方!

这……我难以知道……

但是梁写家,你已来过我这里多次了,你肯定也了解到,有些没了父母的青年,他们急于想将家园卖了对不?

这……

直说嘛!

对。

这令我心寒。

你看,你自己也开始承认了——你是有心的。

我的意思是我替他们的父母心寒。

那也证明你有心。

不辩论我有没有心了,我问你,你认为我的将来会是怎样的?

我不想说。

我请求你说。因为,我已当你是一个朋友了。朋友之间,当以诚相待。

那么,我只好说了。最长三十年,这里将不剩几户人家了。

何等令我惆怅啊!我的上一代居者,历尽千辛万苦,终于为他们的下一代建造了无论如何比从前的年代好得多的家园，可他们的下一代，却一点儿都不稀罕拥有了。难道我真是一个鬼地方？

不。依我这城里人的眼光看，从各方面来讲，此地都是一个好地方。只不过，你离城市太远了。

所以就该遭到背叛？

不能用背叛来说。中国的农村人口一向过多，时代发生了巨变，新一代的农村青年，渴望成为城里人的执着，比任何一代中国农民都更加强烈啊！这是时代发展的必然。大韩村，随他们爱怎样便怎样吧！

写家，我已经声明过——我看得开也想得开。我因人而成村，亦因人而消失，这是我的宿命。我明白，归根结底，我对于人心，只不过是一种古老的茧壳。

村啊，你这多愁善感的大韩村，不要惆怅，不要忧伤。论起与人类的关系，你比城市久远得多。你确曾像人类的茧壳，束缚过人类的生存思维。但依我这城里人细细想来，没有农村的地球是乏味极了的。没有了农村概念的城里人，内心将被浮躁严重困扰。对于一般城里人而言，在城市里其实只有家，没有家园可言。正因为这一点，如今的城里人一到节假日，纷纷离开城市寻找叫"农家乐"的地方。你是人心之核，你是人心始终放不下的牵挂。即使你一度消失了，你曾形成过的那一方水土将永在。不定哪一天，有些人厌倦了城市里的拥挤、喧嚣和嘈杂，为寻找一处宁静的所在来到了这里。他们将会像建一座小城一样，在此重建一个村子。那时的你，将与现在的你大不相同，人们将使你既具有农村的风貌，也具有城市的基因。你将是农村与城市的混血儿。你应该知道的，混血儿通常总是更漂亮一些。那时后来者将会羡慕地说："可惜我来晚了，否则我也应在这里有一处家园，一处值得子孙后代继承的家园。"而今天弃你而去的那些农家儿女的下一代如果也到了这里，并且知道了这里曾是祖上的家园所在的话，他们肯定也会在内心里满怀温情地说："家乡故土啊，看到你变成如此令人留恋的一个村子，我是多么欣喜。因为，我除了是家族的一个儿女，也还是你的一个儿女啊！"

写家，你这个浪得虚名的写家，你看世事，一向这么乐观吗？

村啊，你这个只剩老人、孩子和狗，被人们形容为"空心村"的大韩村啊，事实上我越来越是一个悲观的人了。也许因为悲观得太久，我的头脑里就偶尔生出乐观的思想，像人行道的砖缝之间偶尔长出一朵小花。行人的脚通常是不忍踏倒那样一朵小花的，因为怜惜它长出得太不容易。

听你这么说，我反倒有点儿可怜你们人了。

听你这么说，作为一个中国人，我羞愧极了。中国人太对不起自己的许多农村了,也太对不起自己的许多城市了。不过大韩村啊,让我们都少一点儿悲观,多一点儿乐观,都往前看好吗?

既然回头看太使我郁闷,那我也只好与你一起往前看啰。

我愿与你有一个约定——我将留下遗嘱,让我的儿孙五十年后来到这里,看这里又发生了什么变化。要像陆游的诗句那样——"家祭无忘告乃翁"。

写家,我要牢记你的约定,如果那时我已成一片荒野,我的灵魂,你说过我有灵魂的,我的灵魂会躲到草丛中去,直到你的后人离开。但如果那时我已旧貌换新颜,我将请孩子们替我夹道欢迎。五十年,我的心情是不是太急切了些?

有点儿。但五十年是我自己说的呀。算啦,就五十年吧。我不改口了。

哈哈,一言为定,一言为定!

辑二

# 自卑者唯独不避高贵

因为高贵是存在于外表和服装后面的。高贵是朴素的,平易的,甚至以极普通的方式存在。

&gt; &gt; &gt;

## 大众的情绪

时下，民间和网上流行着一句话——羡慕嫉妒恨，也往往能从电视中听到这句话。

依我想来，此言只是半句话。大约因那后半句有些恐怖，顾及形象之人不愿由自己的嘴说出来。倘竟在电视里说了，若非直播，必定是会删去的。

后半句话应是——憎恨产生杀人的意念。

确实是令人身上发冷的话吧？

我也断不至于在电视里说的。

不吉祥！不和谐！

写在纸上，印在书里，传播方式局限，恐怖打了折扣，故自以为无妨掰开了揉碎了与读者讨论。

羡慕、嫉妒、恨——在我看来，这三者的关系，犹如水汽、积雨云、雷电的关系。

人的羡慕心理，像水在日晒下蒸发水汽一样自然。从未羡慕别人的人是极少极少的：或者是高僧大德及圣贤；或者是不自然不正常的人，如傻子，傻子即使未傻到家，每每也还是会有羡慕的表现的。

羡慕到嫉妒的异变，是人大脑里发生了不良的化学反应。说不良，首先是指对他者开始心生嫉妒的人。由羡慕而嫉妒，一个人往往是经历了心理痛苦的。那是一种折磨，文学作品中常形容为"像耗子啃心"，也是指被嫉妒的他者处境堪忧。倘被暗暗嫉妒却浑然不知，其处境大不妙也。此时嫉妒者的意识宇宙仿佛形成浓厚的积雨云了，而积雨云是带强大电荷的云，它随时可能产生闪电，接着霹雳骤响，下起倾盆大雨，夹着冰雹。想想吧，如果闪电、霹雳、大雨、冰雹全都是对着一个人发威的，而那人措手不及，下场将会多么悲惨！

但羡慕并不必然升级为嫉妒。

正如水汽上升并不必然形成积雨云。水汽如果在上升的过程中遇到了风，风会将水汽吹散，使它聚不成积雨云。接连的好天气晴空万里，阳光明媚，也会使水汽在上升的过程中蒸发掉，还是形不成积雨云。那么，当羡慕在人的意识宇宙中将要形成嫉妒的积雨云时，什么是使之终究没有形成的风或阳光呢？文化！除了文化，还能是别的吗？一个人的思想修养完全可以使自己对他者的羡慕止于羡慕，并消解于羡慕，而不在自己内心里变异为嫉妒。一个人的思想修养是文化现象。文化可以使一个人那样,也可以使一些人、许许多多的人那样。但文化之风不可能临时招之即来。文化之风不是鼓风机吹出的那种风,文化之风对人的意识的影响是逐渐的。当一个社会普遍视嫉妒为人性劣点,祛妒之文化便蔚然成风。蔚然成风即无处不在,自然亦在人心。

劝一个人放弃嫉妒,这种现象也是一种文化现象。劝一个人放弃嫉妒不是那么简单容易的事,没有点正面文化的储备难以成功。起码,得比嫉妒的人有些足以祛妒的文化。莫扎特常遭到前一位宫廷乐师的强烈嫉妒,劝那么有文化的嫉妒者须具有比其更高的文化修养,他无幸遇到那样一位善劝者,所以其心遭受嫉妒这只"耗子"的啃咬半生之久,直至莫扎特死了,他才获得了解脱,但没过几天也一命呜呼了。

文化确能祛除嫉妒。但文化不能祛除一切人的嫉妒,正如风和阳光,不能吹散天空的每堆积雨云。美国南北战争时期,一名北军将领由于嫉妒另一位将军的军中威望,三天两头地向林肯告对方的刁状。无奈的林肯终于想出了一个主意,某日对那名因妒而怒火中烧的将军说:"请你将那个使你如此愤怒的家伙的一切劣行都写给我看,丝毫也别放过,让我们来共同诅咒他。"

那家伙以为林肯成了自己同一战壕的战友,于是其后连续向总统呈交信件式檄文，每封信都满是攻讦和辱骂，而林肯看后，每请他到办公室，与他同骂。十几封信后，那名将军省悟了，不再写那样的信，羞愧地向总统认错，很快就动身到前线去了，并与自己的嫉妒对象配合得亲密无间。

省悟也罢，羞愧也罢，说到底还是人心里的文化现象。那名将军能省悟，且羞愧，证明他的心不是一块石，而是"心"字，所以才有文化之风和阳光。

否则，林肯的高招将完全等同于对牛弹琴，甚至以怀化铁。

但毕竟，林肯的做法，起到了一种智慧的文化方式的作用。

苏联曾有一位音乐家协会副主席，因嫉妒一位音乐家，不断向勃列日涅夫告刁状。勃氏了解那无非是些鸡毛蒜皮的积怨，也很反感那一种滋扰，于是召见他，不动声色地说："你的痛苦理应得到同情，我决定将你调到作家协会去！"那人听罢，立即跪了下去，着急地说自己的痛苦还不算太大，完全能够克服痛苦继续留在音协工作……

因为，作家协会人际关系极为紧张复杂，帮派林立，似狼窝虎穴。

勃氏的方法，没什么文化成分，主要体现为权力解决法。而且，由于心有嫌恶，还体现为阴招。但也很奏效，那音协副主席，以后再也不用告状信骚扰他了。然效果却不甚理想，因为嫉妒仍存在于那位的心里，并没有获得一点点释放，更没有被"风"吹走，亦没被"阳光"蒸发掉。而嫉妒在此种情况之下，通常总是注定会变为恨的——那位音协副主席同志，不久疯了，成了精神病院的长住患者，他的疯语之一是："我非杀了他不可！"

一个人的嫉妒一旦在心里形成了"积雨云"，那也还是有可能通过文化的"风"和"阳光"使之化为乌有的。只不过，善劝者定要对那人有足够的了解，制定显示大智慧的方法。而且，在嫉妒者心目中，善劝者也须是被信任受尊敬的。

那么，嫉妒业已在一些人心里形成了"积雨云"将又如何呢？

文化之"风"和"阳光"仍能证明自己潜移默化的作用，但既曰潜移默化，当然便要假以时日了。

若嫉妒在许许多多的人心里形成了"积雨云"呢？

果而如此，文化即使再自觉，恐怕也力有不逮了。

成堆成堆的积雨云凝聚于天空，自然的风已无法将之吹散，只能将之吹走。但积雨云未散，电闪雷鸣注定要发生的，滂沱大雨和冰雹也总之是要下的。只不过不在此时此地，而在彼时彼地罢了。但也不是毫无办法了——最后的办法乃是向积雨云层发射驱云弹。而足够庞大的积雨云层即使被驱云弹炸散了,那也是一时的。往往上午炸开,下午又聚拢了,复遮天复蔽日了。

将以上自然界律吕、调阳、云腾、致雨之现象比喻人类的社会,那么发射驱云弹便已不是什么文化的化解方法,而是非常手段了,如同是催泪弹,高压水龙或真枪实弹……

将"嫉妒"二字换成"郁闷"一词,以上每一行字之间的逻辑是成立的。

郁闷、愤懑、愤怒、怒火中烧——郁闷在人心中形成情绪"积雨云"的过程,无非尔尔。

郁闷是完全可以靠文化的"风"和"阳光"来将之化解的,不论对于一个人的郁闷,还是成千上万人的郁闷。

但要看那造成人心郁闷的主因是什么。倘属自然灾难造成的,文化之"风"和"阳光"的作用一向是万应灵丹,并且一向无可取代。但若由于社会不公、官吏腐败、政府无能造成的,则文化之"风"便须是劲吹的罡风,先对起因予以扫荡。而文化之"阳光",也须是强烈的光,将一切阴暗角落、一切丑恶行径暴露在光天化日之下。文化须有此种勇气,若无,以为仅靠提供了娱乐和营造了暖意便足以化解民间成堆的郁闷,那是一种文化幻想。文化一旦开始这样自欺地进行幻想,便是异化的开始。异化了的文化,只能使事情变得更糟——因为它靠了粉饰太平而遮蔽真相，遮蔽真相便等于制造假象，也不能不制造假象。

那么，郁闷开始在假象中自然而然变向愤懑。

当愤懑成为愤怒时——情绪"积雨云"形成了。如果是千千万万人心里的愤怒，那么便是大堆大堆的"积雨云"形成在社会上空。

此时，文化便只有望"怒"兴叹，徒唤奈何了。不论对于一个人、一些人，还是许许多多的人，由愤怒而怒不可遏而怒从心头起、恶向胆边生，往往是迅变过程，使文化来不及发挥理性作为。那么，便只有采取非常手段予以解决了——其时已不能用"化解"一词，唯有用"解决"二字了。众所周知，那方式，无非是向社会上空的"积雨云"发射"驱云弹"……

相对于社会情绪，文化有时体现为体恤、同情及抚慰，有时体现为批评和谴责，有时体现为闪耀理性之光的疏导，有时甚至也体现为振聋发聩的当头棒喝……

但就是不能起到威慑作用。

正派的文化，也是从不对人民大众凶相毕露的。因为它洞察并明了，民众之所以由郁闷而愤懑而终于怒不可遏，那一定是社会本身积弊不改所导致的。

集体的怒不可遏是郁闷的转折点。

而愤怒爆发之时，亦正是愤怒开始衰减之刻。正如电闪雷鸣一旦显现，狂风、暴雨、冰雹、洪灾一旦发作，便意味着积雨云的能量终于释放了。于是，一切都将过去，都必然过去，只是时间长短罢了。

在大众情绪转折之前，文化一向发挥其守望社会稳定的自觉性。这一种自觉性是有前提的，即文化感觉到社会本身是在尽量匡正着种种积弊和陋制的——政治是在注意地倾听文化之预警的。反之，文化的希望也会随大众的希望一起破灭为失望，于是会一起郁闷，一起愤怒，更于是体现为推波助澜的能量。

在大众情绪转折之后，文化也一向发挥其抚平社会伤口，呼唤社会稳定的自觉性。但也有前提，便是全社会首先是政治亦在自觉地或较自觉地反省错误。文化往往先行反省，但文化的反省，从来没有能够代替过政治本身的反省。

文化却从不曾在民众的郁闷变异为愤怒而且怒不可遏的转折之际发生过什么遏止作用。

那是文化做不到的。

正如炸药的闪光业已显现，再神勇的拆弹部队也无法遏止其强大气浪的膨胀。

文化对社会伤痛的记忆远比一般人心要长久，这正是一般人心的缺点，文化的优点。文化靠了这种不一般的记忆向社会提供反思的思想力。阻止文化保留此种记忆，文化于是也郁闷。而郁闷的文化会渐限于自我麻醉、自我游戏、自我阉割、了无生气而又自适，最终完全彻底地放弃自身应有的一概自觉性，甘于一味在极端商业化的泥淖打滚……

不能说当下的中国文化及文艺一团糟，一无是处。

这不符合起码的事实。

但我认为，似乎也不能说当下的中国文化是最好的时期。

与从前相比，方方面面都今非昔比。倘论到文化自觉，恐怕理应发挥的人文影响作用与已然发挥了的作用是存在大差异的。

与从前相比，政治对文化的开明程度也应说今非昔比了。

但我认为，此种开朗，往往主要体现在对文化人本人的包容方面。

包容头脑中存在有"异质"文化思想的文化人固然是难能可贵的进步，但同样包容在某些人士看来有"异质"品相的文化本身也非常重要。我们当下某些文艺门类不要说人文元素少之又少，连当下人间的些微烟火也难以见到了，真烟火尤其难以见到。

倘最应该经常呈现人间烟火的艺术门类恰恰最稀有人间烟火，全然不接地气，一味在社会天空的"积雨云"

堆间放飞五彩缤纷的好看风筝，那么几乎就真的等于玩艺术了。

　　是以忧虑。

# 语说"寒门"与"贵子"

汉文学的考究之处也在于——每可凭一字之别，表征出程度细致的不同。

如"痛哭"与"恸哭"，二者的不同实难诠释清楚，所谓"只可意会，无法言传"。

"恫吓"与"恐吓"亦如此。

"贫穷""贫困""贫寒"三个词中，尤以"贫寒"之贫境甚，即——贫穷到了冬季没钱买柴取暖的地步。

"寒门"，即那样的穷人家。

"寒门之子"，即那样的穷人家的儿子。

"寒门之女"四字是少见的，因为在从前，她们大抵早嫁，或早夭了。与父母在"寒门"长相厮守、相依为命的老姑娘是有的，但情况极少。《聊斋》中的"侠女"近于那一情况，却据说是为报血海深仇而伴老母隐居于民间的吕四娘的原型，本属豪门之女，大仇一报，便人间蒸发，无人知其所终了。

故"寒门儿女"之女，多属小女孩。

"寒门之子"们的人生却又是另一番境况。通常他们是娶不上妻的，作为人子，并负有侍奉二老的责任。在旧时的小说或戏剧中，他们通常与老母相依为命地生活在一起，老母不但年事已高，且往往双目失明或是聋哑，娶妻之事于他们被说成"讨老婆"。未知此言先是由民间而戏剧或恰恰反过来，然一个"讨"字，具有极怜悯之意味，道尽了花最少的钱办终身大事的苦衷。

又如在"侠女"中，顾生便是如此一个"寒门之子"，"博于材艺，而家綦贫。又以母老，不忍离膝下，惟日为人书画，受赀以自给。行年二十有五，伉俪犹虚"。

古文中"材"指技能，以区别于"才干"之"才"。

綦——极也。

虽"博"于技能，但家境贫寒，且需赡养老母，娶妻便几成空想。

在旧小说或戏剧中，顾生们大抵是孝的榜样。"艳如桃李，冷若冰霜"之侠女，以处子之身报顾生相济之德，不仅出于对他"讨"不上妻的同情，还因敬他是"大孝"之子。

我小时候，常听到"寒门"二字，这二字总是与"孝子"二字连在一起。因为不但我家是当年城市里的贫穷人家，那一片人家皆贫穷。母亲与邻家大人聊得最多的一个话题，便是哪家哪家的儿子多么多么"孝道"。在社会的底层，"自古寒门出孝子"，是大荣耀。故我自幼确乎是将孝当成一种"道"来接受的。

长大后，才偶尔从旧小说中读到"寒门出贵子"这样的话。

自古寒门必然出孝子吗？

从没有统计数字予以证实，显然是谁都无法肯定地说清楚的。

为什么旧小说、旧戏剧中的寒门之子多是孝子呢？

因为对于寒门之子，孝是比较易于做到的，是可完全由主观来决定的，是想那样就能那样的。进言之，"寒门出孝子"是底层人家的父母极其现实也是极人性化的诉求——文艺家关注到了这种底层诉求，一代又一代、一个历史时期又一个历史时期地通过文学或戏剧予以满足，并且有意使之在底层社会形成重要的亲情伦理。其伦理基础是符合人心取向的，用民间劝人的话语来说往往如此："生活已是这般贫穷，父母已是这般不易，你作为儿子，有什么理由不孝啊！"

事实也是，民间的长辈，确乎一代又一代、一个历史时期又一个历史时期地对寒门的不孝之子进行几乎千百年来未变的台词式的教诲。

文艺的影响功能如民间教诲，久而久之，"寒门出孝子"这一底层愿望,演变成了"自古寒门出孝子"这一仿佛的规律。

是理想主义色彩很浓的愿望。

寒门肯定出孝子吗?

未必。

豪门富家之子定然不孝吗?

也未必。

既然都未必,为什么"自古寒门出孝子"会在底层民间口口相传呢?

非他,底层民间尤其需要此种亲情伦理的慰藉,正如真的牧羊女更需要白马王子爱上了牧羊女的童话——公主和格格们才不听不看那一类童话。

"自古寒门出孝子"之说是一种文化现象。分明地,很理想主义,却属于有益无害的那一种理想主义。

而所谓"自古寒门出贵子"之说,却是一种伪说,并且有害无益。

首先,何为"贵子"呢?

不论在中国的古代还是外国的古代,"贵子"一向专指成为权力显赫的达官的儿子们。特别是在中国的古代,纵然谁家儿子已成了富商,那也照样算不上所谓"贵子",所以他们往往要花钱捐个红顶子戴。也就是说,马云如果是古代人,他如果不花钱捐红顶子戴,那么他究竟算不算贵子,恐怕是有争议的。

"贵子"二字在中国,一向是官本位下产生的专用词。它不同于西方的贵族之子,它是指"之子"自己成了公侯将相,起码是中了进士成了部或部以上的大官。

当下之中国,毕竟已是进入了现代历史时期的国家。那么,就连成了大老板的儿子们也算在"贵子"之列吧。

接着的一个问题是,官当到多大我们虽然已给出了比较能达成共识的结论,但老板要做到多大才约等于"贵子"呢?

而我认为"自古寒门出贵子"是一种当代中国人的伪说的理由更在于——无须统计也可以肯定,此前全世界任何一个国家的任何历史时期的任何一部书中,都断不会出现那样一句话。

因为它违背常识,不符合人类社会的普遍规律,是对个别例子的似乎的规律说。

但"寒门出贵子"五个字,不但在书中、在戏剧中、在民间语境中却也都是老生常谈了。

一种对个别例子的老生常谈的现象说。是的,仅仅是现象说,绝非规律说。

还以"侠女"为例,顾生虽是孝子,却命中注定寿薄,二十八岁就死了。但他与侠女之子却十八岁中进士,当大官是不成问题的,正所谓父仅孝子,未成贵子;子成贵孙，"犹奉祖母以终老"。

然而终究是故事。

却也不仅仅是故事——在古代，"寒门出贵子"的例子是有的：一靠"造反"，或曰"起义"，多是活不下去走投无路的农民及子弟。"起义"多见于近代史学，以给予正面的评价。这是豁出性命之事，成功者如朱元璋。二靠科举，科举一举两得，既缓解了造反冲动，也为朝廷选拔了人才。但若以为有很多寒门之子靠科举成了"贵子"，实在是大误会。自宋以降，科举渐成国策，然真的寒门之子通过此管道而成"贵子"者，往多了说也就千万之一二而已。

寒门之子往往输在科举的起跑线上——凿壁偷光、聚萤为烛与有名师启蒙的豪门之子拼知识，虽头悬梁、锥刺股，也总是会功亏一篑的。

项羽偶见秦始皇出行的阵仗，想："吾可取而代之。"

在他的意识中，"贵"至高峰莫过于称帝。

陈胜"造反"之前亦发天问："王侯将相宁有种乎？"

为了统一"造反"意志，他曾对铁杆弟兄们信誓旦旦地说："苟富贵，勿相忘。"

在他们的意识中，人生倘不富贵，便太对不起生命了。何为贵？做一把王侯将相耳！

贵族之子项羽也罢，寒门之子陈胜也罢，在他们所处的时代，对好的人生也只能有那一种水平的认识。

现代社会的现代性也在于如此两点——消除"寒门"现象；在好人生的理解方面，给人以比项羽比陈胜们广泛得多的选择。

由是，我对今日之中国，忽一下那么多人特别是青年哀叹"寒门何以再难出贵子"，便生出大的困惑来。

依我想来，现在中国即或仍有"寒门"人家，估计也是少的。但贫穷人家仍不少。那么，"寒门何以再难出贵子"，可以换成"底层人家何以再难出贵子"来说。

我的第一个大困惑是——在今日之中国，彼们认为，何谓"贵子"？

若仍认为只有做了大大的官、大大的老板方可言之为"贵子"，那么这一种意识，与项羽与陈胜们有什么区别呢？是否直接将好人生仅仅与陈胜们所言的"富贵"画了等号呢？

具体来说吧，倘数名曾经的寒门之子，至中年后，分别成部级干部、大学校长或书记（普遍也是局级干部）、大学教授、优秀的中学校长、中学特级教师、技高业专的高等技术工人、好医生、歌唱者（虽非明星大腕，但喜欢唱且能以唱自食其力，而且生活还较快乐）……不一而足。

在他们中，谁为"贵"？

部长者？

大学校长或书记次之？

教授们无官职，大约不在"贵"之列啰？

其他诸从业者呢？既非"贵"其人生便平庸了没出息了吗？

若如此认为，岂不是很腐朽的一种人生认识论吗？岂不是正合了这样的逻辑吗——官本位，我所排斥也；但当大官嘛，我心孜孜以求也！

我的第二个大困惑是——现代之社会，为知识化了的人提供了千般百种的有可能实现梦想的职业，即或是底层人家之子吧，何必眼中只有当大官一条路？

我的人际接触面告诉我，在大学中，成为教授的底层人家的儿女多的是！在文艺界、体育界活得很精彩的底层人家的儿女也多的是！在当下的县长、县委书记中，工农的儿子也多的是！几乎在各行各业，都有底层人家的优秀儿女表现杰出甚而非凡，若以项羽、陈胜们的人生观来评论，他们便都不是底层人家的"贵子"啰？

怎么地，中国反封建反了一个多世纪了，封建到家了的关于人生的思想，居然还如此地能蛊惑人心并深入人心吗？

所以我认为，比之于"自古寒门出孝子"，哀叹"寒门何以再难出贵子"，实在是使拒绝封建思想的人心寒的现象。

而我之所以写这篇文章，动机倒不是出于批判；恰恰相反，而是想拨乱反正，纠正某些人的误解。

我觉得，中国之现实存在着如下三个特色——

官本位依然本位着；

官本位观念确已发生动摇，渐趋式微；

底层人家的子弟通向政界的通道梗阻仍多。

底层人家有不少子弟，仍十分向往为官，并且很可能是要以做"大公仆"为己任的，我们姑且这么认为。

为他们清除梗阻，使他们实现其志的过程顺畅些——这也体现着一种社会进步。

我想，这也许才是提出"寒门何以再难出贵子"这一话题的人的本意。

那么，这话题其实与龚自珍那"我劝天公重抖擞，不拘一格降人才"的诗句异曲同工。

而往直白了说，其实是这么一种意思——

我乃底层人家之子，我的人生志向是当大官。这是我最强烈的人生志向，我矢志不渝，并且自信能当得很好！中国，为什么我这样的人当大官难而又难，难于上青天？而奥巴马和普京，出身也和我差不多，却可以在他们的国家当上总统？敢问我的路在何方……

如此说来，便明白多了。我也就没了困惑，虽然仍会想，何必呢？但能十二分地理解。

只不过，对于这样的人，在当下之中国，我是无法安慰的。

# 真话的尴尬处境

人生下来,渐渐地学会了说话,渐渐地也就学会了说假话。之所以说假话,乃因说真话往往会弄得自己很尴尬,弄得对方也很尴尬。甚至会弄得对方很恼怒,于是也就弄得自己很被动,很不幸……

相传,清朝光绪年间,有一抚台大人微服私访民间,在路上碰到一个卖油条的孩子,便问:"你们抚台大人好不好?"孩子说:"他是瘟官!"抚台大人一听极怒,却克制着,不动声色。回府后,命衙役把孩子捉去,痛打了几十板子……

后来这孩子长大了,按俗常的眼光看还颇有出息(他能颇有出息,实在得感激说真话的那一次深刻教训)。某次大臣找他谈话——

大臣:"你看这篇文章写得怎么样?"

他说:"我认为是好的。"

大臣摇了摇头。

"我是说，从某种意义上讲是好的。"

大臣摇头。

"我说的'从某种意义上讲'，是针对……"

大臣摇头。

"确切地说这篇文章有些逻辑混乱。"

大臣摇头。

"总而言之，这是一篇表面读起来是好的，而本质上很糟糕，简直可以说很坏的文章！"他以权威的口吻做出了最后的权威性的结论。其实大臣摇头是因为感到衣领很别扭。然而大臣对他的意见十分满意，于是大臣在国王面前说了他不少好话。一天国王将他召去，对他说："读一读这首诗，告诉我，你过去是否读到过这样文理不通的歪诗？"

他读后对国王说："陛下，你判断任何事物都独具慧眼，这诗确是我所见过的诗中最拙劣、最可笑的。"

国王问："这首诗的作者自命不凡，对不对？"

他说："尊敬的陛下，没有比这更恰当的评语了！"

国王说："但这首诗是我写的……"

"是吗？……"

他心头掠过强烈的不安。随即勉强镇定下来，双手装模作样地浑身上下摸了个遍，虔诚地又说："尊敬的陛下,您有所不知,我的眼睛高度近视,刚才看您的诗时又没戴眼镜。能否允许我戴上眼镜重读一遍?"

国王矜持地点了点头……

他戴上眼镜重读后,以一种崇拜之至的口吻说:"噢,尊敬的陛下,如果这样的诗还不是天才写的,那么怎样的诗才算天才写的呢?……"

国王笑了,望着他说:"以后,你得出正确的结论之前,不要忘了戴上眼镜!"

我将这三个故事"剪辑",或曰拼凑到一起,绝不怀有半点暗讽什么的企图,只不过想指出——说假话的技巧一旦被某些人当成经验,真话的意义便死亡了。真话像一切有生命的东西一样,是需要适合的"生存环境"的。倘没有这一"生存环境"为前提,说真话的人则显得愚不可及,而说假话则必显得聪明可爱了。如此的话,即使社会的良知和文明一再呼吁、要求、鼓励说真话,真话也会像埋入深土不具发芽的种子一样沉默着,而假话却能处处招摇过市畅行无阻。

## 爱缘何不再动人？

在中国，在当代，爱情或曰情爱之所以不动人了，也还因为我们常说的那种"缘"，也就是那种似乎在冥冥中引导两颗心彼此找寻的宿命般的因果消弭了。于是爱情不但变得简单、容易，而且变成了内容最浅薄、最无意味儿可言的事情。

少年的我，对爱情之向往，最初由"牛郎织女"一则故事而萌发。当年哥哥高一的"文学"课本上便有，而且配着美丽的插图。

此前母亲曾对我们讲过的，但因并未形容过织女怎么好看，所以听了以后，也就并未有过弗洛伊德的心思产生，倒是很被牛郎那一头老牛所感动。那是一头多无私的老牛啊！活着默默地干活，死了还要嘱咐牛郎将自己的皮剥下，为能帮助牛郎和他的一儿一女乘着升天，去追赶被王母娘娘召回天庭的织女……

曾因那老牛的无私和善良落过少年泪。又由于自己也是属牛的，更似乎引起一种同类的相怜，缘此对牛的敬意倍增，并巴望自己快快长大，以后也弄一头牛养着，不定哪天它也开口和自己说起话来。

常在梦里梦到自己拥有了那么一头牛……

及至偷看过哥哥的课本，插图中织女的形象就深深印在头脑中了。于是梦里梦到的不再是一头牛，善良的不如好看的。人一向记住的是善良的事，好看的人，而不是反过来。

以后更加巴望自己快快长大。长大后也能幸运地与天上下凡的织女做夫妻。不一定非得是织女姊妹中的"老七"。"老七"既已和牛郎做了夫妻，我也就不考虑她了。另外是她的姐姐或妹妹都成的。她很好看，她的姊妹们的模样想必也都错不了。那么一来，不就和牛郎也沾亲了吗？少年的我，极愿和牛郎沾亲。

再以后，凡是以我眼里好看的女孩儿，或同学，或邻家的，或住一条街的丫头，少年的我，就想象她们是自己未来的"织女"。

于是常做这样的梦——在一处山环水绕四季如春的美丽地方，有两间草房，一间是牛郎家，一间是我家；有两个好看的女子，一个是牛郎的媳妇儿，一个是我媳妇儿，不消说我媳妇儿当然也是天上下凡的；有两头老牛，牛郎家的会说话，我家那头也会说话；有四个孩子，牛郎家一儿一女，我家一儿一女，他们长大了正好可以互相婚配……

我所向往的美好爱情生活的背景，时至今日，几乎总在农村。我并非一个城市文明的彻底的否定主义者。因而在相当长的一段时期，连自己也解释不清自己。有一天下午，我在社区的小公园里独自散步，终于为自己找到了答案之一：公园里早晨和傍晚"人满为患"，所以我去那里散步，每每于下午三点钟左右，图的是眼净。那一天下着微微的细雨，我想整个公园也许该独属于我了。不期然在林中走着走着，猛地发现几步远处的地上撑开着一柄伞。如果不是一低头发现得早，不是驻步及时，非一脚踩到伞上不可！那伞下铺着一块塑料布，伸出四条纠缠在一起的腿，情形令我联想到一只触爪不完整的大墨斗鱼。莺声牛喘两相入耳，我紧急转身悄悄遁去……没走几步，又见类似镜头。从公园这一端走到那一端，凡见六七组矣。有的情形尚雅，但多数情形一见之下，心里不禁地骂自己一句："你可真讨厌！怎么偏偏这时候出来散步？"

回到家里遂想到——爱情是多么需要空间的一件事啊！城市太拥挤了，爱情没了躲人视野的去处。近年城市兴起了咖啡屋，光顾的大抵是钟情男女。咖啡屋替这些男女尽量营造有情调的气氛。大天白日要低垂着窗幔，晚上不开灯而燃蜡烛。又有些电影院设了双人座,虽然不公开叫"情侣座",但实际上是。我在上海读大学时的20世纪70年代,外滩堪称大上海的"爱情码头"。一米余长的石凳上,晚间每每坐两对儿。乡下的孩子们便拿了些草编的坐垫出租。还有租"隔音板"的,其实是普通的一方合成板块,比现如今的地板块儿大不了多少。两对中的两个男人通常居中并坐,各举一块"隔音板",免得说话和举动相互干扰。拿久了也是会累的。当年使我联想到《红旗谱》的下集《播火记》中的一个情节——反动派活捉了朱老忠们的一个革命的农民兄弟,迫他双手高举一根苞谷秸。只要他手一落下,便拉出去枪毙。其举关乎性命,他也不过就举了两个多小时……

上海当年还曾有过"露天新房"——在夏季,在公园里,在夜晚,在树丛间,在自制的"帐篷"里,便有着男女合欢。戴红袖标的治安管理员常常"光顾"之前隔帐盘问,于是一条男人的手臂会从中伸出,晃一晃结婚证。没结婚证可摆晃的,自然要被带到派出所去。

如今许多城市的面貌日新月异。房地产业的迅猛发展,虽然相对减缓了城市人的住房危机,但也占去了城市本就有限的园林绿地。就连我家对面那野趣盎然的小园林,也早有房地产商在觊觎着了。并且,前不久已在一端破土动工,几位政协委员强烈干预,才不得不停止。

爱情，或反过来说情爱，如流浪汉，寻找到一处完全属于自己的地方并不那么容易。白天只有一处传统的地方是公园，或电影院，晚上是咖啡屋，或歌舞厅。再不然干脆臂挽着臂满大街闲逛，北方人又叫"压马路"，香港叫"轧马路"，都是谈情说爱的意思。

在国外，也有将车开到郊区去，停在隐蔽处，就在车里亲热的。好处是省了一笔去饭店开房间的房钱，不便处是车内的空间毕竟有限。

电影院里太黑，歌舞厅太闹，公园里的椅子都在明眼处，咖啡屋往往专宰情侣们。

于是情侣们最无顾忌的选择还是家。但既曰情侣，非是夫妻，那家也就不单单是自己的。要趁其他家庭成员都不在的时间占用，于是不免地有些偷偷摸摸、苟苟且且……

当然，如今有钱的中国人多了。他们从西方学来的方式是在大饭店里包房间。这方式高级了许多，但据我看来，仍有些类似偷情。姑且先不论那是婚前恋，还是不怎么敢光明正大的婚外恋……

城市人口的密度是越来越大了，城市的自由空间是越来越狭小了。情爱在城市里如一柄冬季的雨伞，往哪儿挂看着都不顺眼似的……

相比于城市，农村真是情爱的"广阔天地"呢！

情爱放在农村的大背景里,似乎才多少恢复了点儿美感,似乎才有了诗意和画意。生活在农村里的青年男女当然永远也不会这么感觉,而认为男的穿得像绅士,女的穿得很新潮,往公园的长椅上双双一坐,耳鬓厮磨;或在咖啡屋里,在幽幽的烛光下眼睛凝视着彼此,手握着手,那才有谈情说爱的滋味儿啊!

但一个事实却是——摄影、绘画、诗、文学、影视,其美化情爱的艺术功能,历来在农村,在有山有水有桥有林间小路有田野的、自然的背景中和环境里,才能得以充分地发挥魅力。

艺术若表现城市里的情爱,可充分玩赏其高贵,其奢华,其绅男淑女的风度气质以及优雅举止;也可以尽量地煽情,尽量地缠绵,尽量地难舍难分,但就是不能传达出情爱那份儿可以说是天然的美感来。在城市,污染情爱的非天然因素太多太多太多。情爱仿佛被"克隆"化了。

比之"牛郎织女""天仙配""梁山伯与祝英台",《红楼梦》中的爱情其实是没有什么美感的。缠绵是缠绵得可以,但是美感无从说起。幸而那爱情还是发生在"园"里,若发生在一座城市的一户达官贵人的居家大楼里,贾宝玉整天乘着电梯上上下下地周旋于薛、林二位姑娘之间,也就俗不可耐了。

无论是《安娜·卡列尼娜》,还是《战争与和平》,

还是几乎其他的一切西方经典小说,当它们的相爱着的男女主人公远离了城市去到乡间,或暂时隐居在他们的私人庄园里,差不多都会一改压抑着的情绪,情爱也只有在那些时候才显出了一些天然的美感。

麦秸垛后的农村青年男女的初吻,在我看来,的确要比楼梯拐角暗处搂抱着的一对儿"美观"些……

村子外,月光下,小河旁相依相偎的身影,在我看来,比大饭店包房里的幽会也要令人向往得多……

我是知青的时候,有次从团里步行回连队,登上一座必经的山头后,蓦然俯瞰到山下的草地间有一对男女知青在相互追逐。隐约地,能听到她的笑声。他终于追上了她,于是她靠在他怀里了,于是他们彼此拥抱着,亲吻着,一齐缓缓倒下在草地上……一群羊四散于周围,安闲地吃着草……

那时世界仿佛完全属于他们两个。仿佛他们就代表着最初的人类,就是夏娃和亚当。

我的眼睛,是唯一的第三者的眼睛。回到连队,我在日记中写下了几句话:

> 天上没有夏娃,
> 地上没有亚当。
> 我们就是夏娃,

我们就是亚当。

喝令三山五岳听着,

我们来了!

……

这几句所篡改的,是一首"大跃进"时代的民歌。连里的一名"老高三",从我日记中发现了说好,就谱了曲,于是不久在男知青中传唱开了。有女知青听到了,并且晓得亚当和夏娃的"人物关系",汇报到连里,于是连里召开了批判会。那女知青在批判中说:"你们男知青都想充亚当,可我们女知青并不愿做夏娃!"又有女知青在批判中说:"还喝令三山五岳听着,我们来了!来了又怎么样?想干什么呀?"

一名男知青没忍住笑出了声,于是所有的男知青都哈哈大笑。

会后指导员单独问我——你那么篡改究竟是什么意思吗?

我说——唉,我想,在这么广阔的天地里不允许知青恋爱,是对大自然的一种白白浪费。

爱情或曰情爱乃是人类最古老的表现。我觉得它是那种一旦框在现代的框子里就会变得不伦不类、似是而非的"东西"。城市越来越是使它变得不伦不类、似是而非的

"框子"，它在越接近着大自然的地方才越与人性天然吻合。酒盛在金樽里起码仍是酒，衣服印上商标起码仍是衣服。而情爱一旦经过包装和标价，它天然古朴的美感就被污染了。城市杂乱的背景上终日流动着种种强烈的欲望，情爱有时需要能突出它为唯一意义的时空，需要十分单纯又恬静的背景。需要两个人像树、像鸟、像河流、像云霞一样完全回归自然又享受自然之美的机会。对情爱，城市不提供这样的时空、背景和机会，城市为情爱提供的唯一不滋扰的地方叫作"室内"。而我们都知道"室内"的门刚一关上，情爱往往迫不及待地进展着什么。

电影《拿破仑传》为此作了最精彩的说明：征战前的拿破仑忙里偷闲遁入密室，他的情人——一位宫廷贵妇正一团情浓地期待着他。

拿破仑一边从腰间摘下宝剑抛在地上一边催促："快点儿！快点儿！你怎么居然还穿着衣服？要知道我只有半个小时的时间……"

是的，情爱在城市里几乎成了一桩必须忙里偷闲的事情，一件仓促得粗鄙的事情。

所以我常想，农村里相爱着的青年男女们，有理由抱怨贫穷，有理由感慨生活的艰辛。羡慕城里人所享有的物质条件的心情，也当然是最应该予以体恤的。但是却应该在这样一点上明白自己其实是优于城里人的，那就是——

当城里人为情爱四处寻找叫作"室内"的那一种地方时，农村里相爱着的青年男女们却正可以双双迈出家门。那时天和地几乎都完全属于他们的好心情，风为情爱而吹拂，鸟儿为情爱而唱歌，大树为情爱而遮阴，野花为情爱而芳香……那时他们不妨想象自己是亚当和夏娃，这世界除了相爱的他们还没第三者诞生呢。

我认识一个小伙子，他和一个姑娘相爱已三年了。由于没住处，婚期一推再推。

他曾对我抱怨："每次和她幽会，我都有种上医院的感觉。"

我困惑地问他为什么会产生那么一种奇怪的感觉。

他说："你想啊，总得找个供我俩单独待在一起的地方吧？"我说："去看电影。"他说："都爱了三年了！如今还在电影院的黑暗里……那像干什么？不是初恋那会儿了，连我们自己都感到下作了……"

我说："那就去逛公园。秋天里的公园正美着。"

他说："还逛公园？三年里都逛了一百多次了！北京的大小公园都逛遍了……"

我说："要不就去饭店吃一顿。"

他说："去饭店吃一顿不是我们最想的事！"

我说："那你们想怎样？"

他说："这话问的！我们也是正常男女啊！每次我

都因为找个供我俩单独待的地方发愁。一旦找到,不管多远,找辆'的'就去,去了就直奔主题!你别笑!实事求是,那就是我俩心中所想嘛!一完事儿就瞪着彼此发呆。那还不像上医院吗?起个大早去挂号,排一上午,终于挨到叫号了,五分钟后就被门诊大夫给打发了……"

我同情地看了他片刻,将家里的钥匙交给他说:"后天下午我有活动,一点后六点前我家归你们。怎么样?时间够充分的吧?"

不料他说:"我们已经吹了,彼此腻歪了,都觉得没劲儿透了……"

在城市里,对于许多相爱的青年男女而言,"室内"的价格,无论租或买,都是极其昂贵的。求"室内"而不可得,求"室外"而必远足,于是情爱颇似城市里的"盲流"。

人类的情爱不再动人了,还是由于情爱被"后工业"的现代性彻底地与劳动"离间"了?

情爱在劳动中的美感最为各种艺术形式所欣赏。

如今除了农业劳动,在其他一切脑体力劳动中,情爱都是被严格禁止的。而且只能被严格禁止,流水线需要每个劳动者全神贯注,男女混杂的劳动情形越来越成为历史。

但是农业的劳动还例外着,农业的劳动依然可以伴着歌声和笑声。在田野中,在晒麦场上,在磨坊里,在菜畦间,歌声和笑声非但不影响劳动的质量和效率,而且使劳动变得相对愉快。

农业的劳动最繁忙的一项乃收获。如果是丰年,收获的繁忙注入着巨大的喜悦。这时的农人们是很累的。他们顾不上唱歌也顾不上说笑了,他们的腰被收割累得快直不起来了,他们的手臂在捆麦时被划出了一条条血道儿,他们的衣被汗水湿透了,他们的头被烈日晒晕了⋯⋯

瞧,一个小伙子割到了地头,也不歇口气儿,转身便去帮另一垄的那姑娘⋯⋯

他们终于会合了。他们相望一眼,双双坐在麦铺子上了。他掏出手绢儿替她擦汗。倘他真有手绢,那也肯定是一团皱巴巴的脏手绢儿。但姑娘并不嫌那手绢儿有他的汗味儿,她报以甜甜的一笑⋯⋯

几乎只有在农业的劳动中,男人女人之间才传达出这种动人的爱意。这爱意的确是美的,又寻常又美。

我在城市里一直企图发现男人女人之间那种又寻常又美的爱意的流露,却至今没发现过。

有次我在公园里见到了这样的情形——两拨小伙子为一拨姑娘争买矿泉水。他们都想自己买到的多些,于是不但争,而且相互推挤,相互谩骂,最后大打出手,直到公园的巡警将他们喝止住。而双方已都有鼻子、嘴流血的人了。我坐在一张长椅上望到了那一幕，奇怪他们一人能喝得了几瓶冰镇的矿泉水吗？后来望见他们带着那些冰镇的矿泉水回到了各自的姑娘跟前。原来由于天热，附近没水龙头，姑娘们要解热，所以他们争买矿泉水为姑娘们服务……

他们倒拿矿泉水瓶，姑娘们则双手捧接冰镇矿泉水洗脸。有的姑娘用了一瓶，并不过瘾，接着用第二瓶。有的小伙子，似觉仅拿一瓶，并不足以显出自己对自己所倾心的姑娘比同伴对同伴的姑娘爱护有加，于是两手各一瓶，左右而倾……

他们携带的录音机里，那时刻正播放出流行歌曲，唱的是：

> 我对你的爱并不简单，
> 这所有的人都已看见。
> 我对你的爱并不容易，
> 为你做的每件事你可牢记……

公园里许多人远远地驻足围观着那一幕，情爱的表达在城市，在我们的下一代身上，往往便体现得如此简单，如此容易。

我望着不禁地想到，当年我在北大荒，连队里有一名送水的男知青，他每次挑着水到麦地里，总是趁别人围着桶喝水时，将背在自己身上的一只装了水的军用水壶递给一名身材纤弱的上海女知青。因为她患过肝炎，大家并不认为他对她特殊，仅仅觉得他考虑得周到。她也那么想。麦收的一个多月里，她一直用他的军用水壶喝水。忽然有一天她从别人的话里起了疑点，于是请我陪着，约那名男知青到一个地方当面问他："我喝的水为什么是甜的？"

"我在壶里放了白糖。"

"每人每月才半斤糖，一个多月里你哪儿来那么多白糖往壶里放？"

"我用咱们知青发的大衣又向老职工们换了些糖。"

"可是……可是为什么……"

"因为……因为你肝不好……你的身体比别人更需要糖……"

她却凝视着他喃喃地说："我不明白……我还是不明白……"

而他红了脸背转过身去。

此前他们不曾单独在一起说过一句话。

我将她扯到一旁，悄悄对她说："傻丫头，你有什么不明白的？他是爱上你了呀！"

她听了我这位知青老大哥的话，似乎不懂，似乎更糊涂了，呆呆地瞪着我。

我又低声说："现在的问题是，你得决定怎么对待他。"

"他为什么要偏偏爱上我呢……他为什么要偏偏爱上我呢……"

她有些茫然不知所措地重复着，随即双手捂住脸，哭了，哭得像个在检票口前才发现自己丢了火车票的乡下少女。

我对那名男知青说："哎，你别愣在那儿。哄她该是你的事儿，不是我的。"

我离开他们，走了一段路后，想想，又返回去了。因为我虽比较有把握地预料到了结果，但未亲眼所见，心里毕竟还是有些不怎么落实。

我悄悄走到原地，发现他们已坐在两堆木材之间的隐蔽处了——她上身斜躺在他怀里，两条手臂揽着他的脖子。他的双手则扣抱于她腰际，头俯下去，一边脸贴着她的一边脸。他们像是那样子睡了，又像是那样子固化了……

同样是水，同样与情爱有关，同样表达得简单、容易，但似乎有着质量的区别。

在中国，在当代，爱情或曰情爱之所以不动人了，也还因为我们常说的那种"缘"，也就是那种似乎在冥冥中引导两颗心彼此找寻的宿命般的因果消弭了。于是爱情不但变得简单、容易，而且变成了内容最浅薄、最无意味儿可言的事情。有时浅薄得连"轻佻"的评价都够不上了。"轻佻"纵使不足取，毕竟还多少有点儿意味儿啊！

一个靓妹被招聘在大宾馆里做服务员，于是每天都在想：我之前有不少姐妹被洋人、被有钱人相中带走了，但愿这一种好运气也早一天向我招手……

而某洋人或富人，住进那里，心中亦常动念：听说从中国带走一位漂亮姑娘，比带出境一只猫或一只狗还容易，但愿我也有些艳福……

于是双方一拍即合，相见恨晚，各自遂心如愿。

这是否也算是一种"缘"呢？

似乎不能偏说不算是。

是否也属于情爱之"缘"呢？

似乎不能偏说不配。

本质上相类同的"缘"，在中国比比皆是地涌现着，比随地乱扔的糖纸、冰棒签子和四处乱弹的烟头多得多，可谓之曰"缘"的"泡沫"现象。

而我所言情爱之"缘"，乃是那么一种男人和女人的命数的"规定"——一旦圆合了，不但从此了却男女于"情""爱"两个字的种种惆怅和怨叹，而且意识到似乎有天意在成全着，于是满足得肃然，幸福得感激；即或未成眷属，也终生终世回忆着，永难忘怀，于是其情、其爱刻骨铭心，上升为直至地老天荒的情愫的拥有，几十年如一日深深感动着你自己，美得哀婉。

这一种"缘"，不仅在中国，在全世界的当代，是差不多绝灭了。

唐开元年间，玄宗命宫女赶制一批军衣，颁赐边塞士卒。一名士兵发现在短袍中夹有一首诗：

> 沙场征戍客，寒苦若为眠。
> 战袍经手作，知落阿谁边？
> 蓄意多添线，含情更著绵。
> 今生已过也，重结后身缘。

这位战士，便将此诗告之主帅。主帅吟过，铁血之心大恸，将诗上呈玄宗。玄宗阅后，亦生同情，遍示六宫，且传下圣旨："自招而朕不怪。"

于是有一宫女承认了诗是自己写的，且乞赐离宫，远嫁给边塞的那名士兵。

玄宗不但同情，而且感动了，于是厚嫁了那宫女。

二人相见，宫女噙泪道："诗为媒亦天为媒，我与汝结今身缘。"

边塞三军将士，无不肃泣者。

试想，若主帅见诗不以为意，此"缘"不可圆；若皇上龙颜大怒，兴许将那宫女杀了，此"缘"亦成悲声。然诗中那一缕情，那一腔怜，又谁能漠视之轻蔑之呢？尤其"蓄意多添线，含情更著绵"二句，读来令人愀然，虽铁血将军而不能不动儿女情肠促成之，虽天子而不能不大发慈悲依顺其愿……

此种"缘"不但动人、感人、哀美，而且似乎具有某种神圣性。

宋仁宗有次赐宴翰林学士们，一侍宴宫女见翰林中的宋子京眉清目秀，斯文儒雅，顿生爱慕之心。然圣宴之间，岂敢视顾？其后单恋独思而已。

两年后，宋子京偶过繁台街，忽然迎面来了几辆皇家车子，正避让，但闻车内娇声一呼"小宋"，懵怔之际，埃尘滚滚，宫车已远。

回到住处，从此厌茶厌饭，锁眉不悦，后作《鹧鸪天》：

>画毂雕鞍狭路逢，一声肠断绣帘中。身无彩凤双飞翼，心有灵犀一点通。　　金作屋，玉为笼，车如流水马如龙。刘郎已恨蓬山远，更隔蓬山几万重。

此词很快传到宫中，仁宗嗅出端倪，传旨查问。

那宫女承认道："自从一见翰林面，此心早嫁宋子京。虽死，而不悔。"

仁宗虽不悦，但还是大度地召见了宋子京，告以"蓬山不远"，问可愿娶那宫女。

宋子京回答："蓬山因情而远，故当因缘而近。"

于是他们终成眷属。

诗人顾况与一宫女的"缘"就没以上那么圆满了。有次他在洛阳乘门泛舟于花园中，随手捞起一片硕大的梧桐叶子，见叶上题诗曰：

一入深宫里，年年不见春。
聊题一片叶，寄与有情人。

第二天他也在梧叶上题了一首诗：

花落深宫莺亦悲，上阳宫女断肠时。
帝城不禁东流水，叶上题诗欲寄谁？

带往上游，放于波中。十几日后，有人于苑中寻春，又自水中得一叶上诗，显然是答顾况的：

一叶题诗出禁城，谁人酬和独含情？
自嗟不及波中叶，荡漾乘春取次行。

顾况得知，忧思良久，仰天叹曰："此缘难圆，天意也。虽得二叶，亦当视如多情红颜。"

据说他一直保存那两片叶子至死。

情爱之于宫女，实乃精神的奢侈。故她们对情爱的珍惜与向往，每每感人至深。

情爱之于现代人，变得越来越接近于生意。而生意是这世界上每天每时每刻每处都在忙忙碌碌地做着的。更像股票，像期货，像债券，像地摊儿交易，像拍卖行的拍卖，投机性、买卖性、速成性越来越公开，越来越普遍，越来越司空见惯。而且，似乎也越来越等于情爱本身了。于是情爱中那一种动人的、感人的、美的、仿佛天意般的"缘"，也越来越被不少男人的心、女人的心理解为和捡钱褡子、中头彩、一锨挖到了金脉同一种造化的事情了。

我在中学时代，曾读过一篇《聊斋》中的故事，题目居然忘了，但内容几十年来依然记得——有一位落魄异乡的读书人，皇试之期将至，然却身无分文，于是怀着满腹才学，沿路乞讨向京城而去。一日黄昏，至一镇外，饥渴难耐，想到路途遥遥，不禁独自哭泣。有一辆华丽的马车从他面前经过而又退回，驾车的绿衣丫鬟问他哭什么，他如实相告。于是车中伸出一只纤手，手中拿着一枚金钗，绿衣丫鬟接了递给他说："我家小姐很同情你，此钗值千金,可卖了速去赶考。"

第二年,还是那个丫鬟驾着那辆车,又见着那读书人,仍是个衣衫褴褛的乞丐人,很是奇怪,便下车问他是不是去年落榜了。

他说:"不是的啊。以我的才学,断不至于榜上无名的。"

又问:"那你为什么还是这般地步呢?"

答曰:"路遇而已,承蒙怜悯,始信世上有善良。便留着金钗作纪念,怎么舍得就卖了去求功名啊。"

丫鬟将话传达给车内的小姐,小姐便隔帘与丫鬟耳语了几句。于是那车飞驰而去,俄顷丫鬟独自归来,对他说:"我家小姐亦感动于你的痴心,再赠纹银百两,望此次莫错过赴考的机会……"

而他果然中了举人,做了巡抚。于是府中设了牌位,每日必拜自己的女恩人。

一年后,某天那丫鬟突然来到府中,说小姐有事相求——小姐丫鬟,皆属狐类。那一族狐,适逢天劫,要他那一身官袍焚烧了,才可避灭族大劫。没了官袍,官自然也就做不成。更不要说还焚烧了,那将犯下杀头之罪。

狐仙跪泣曰:"小小一钗区区百银,当初助君,实在并没有图报答的想法。今竟来请求你弃官抛位,而且冒杀头之罪救我们的命,真是说不出口哇。但一想到家族中老

125

小百余口的生死，也只能厚着脸面来相求了。你拒绝，我也是完全理解的。而我求你，只不过是尽一种对家族的义务而已。何况，也想再见你一面，你千万不必为难。死前能再见到你，也是你我的一种缘分啊！"

那巡抚听罢，当即脱下官袍，挂了官印，与她们一起逃走了……

使人不禁地就想起金人元好问《迈陂塘》中的词句："问世间，情为何物，直教生死相许。"

"直教"二字，后人们一向白话为"竟使"。然而我总固执地认为，古文中某些词句的语意之深之浓之贴切恰当，实非白话所能道清道透道详道尽。某些古文之语意语感，有时真比"外译中"尤难三分。"直教生死相许"中的"直教"二字，又岂是"竟使"二字可以了得的呢？好一个"直教生死相许"，此处"直教"得沉甸甸不可替代啊！

现代人的爱情或曰情爱中，早已缺了这分量，故早已端的是"爱情不能承受之轻"了，或反过来说"爱情不能承受之重"。其爱其情掺入了太多太多的即兑功利，当然也沉甸甸起来了。"情难禁，爱郎不用金"——连这一种起码的人性的洒脱，现代人都做不太到了。钓金龟婿、诱摇钱女的世相，其经验其技巧其智谋其逻辑，"直教"小说家、戏剧家自叹虚构的本事弗如，创作高于生活的追求,"难于上青天"也。

进而想到,若将以上一篇《聊斋》故事放在现实的背景中,情节会怎么发展呢?收受了金钗的男子,哪里会留作纪念不忍卖而竟误了高考呢?那不是太傻帽儿了吗?卖了而不去赴考,直接投作经商的本钱注册个小公司自任小老板也是说不定的。就算也去赴考了,毕业后分到了国家机关,后来当上了处长局长,难道会为了报答当初的情与恩而自断前程吗?

如此要求现代人,不是简直有点儿太过分了吗?

依顺了现代的现实性,爱情或曰情爱的"缘"的美和"义"的美,也就只有在古典中安慰现代人叶公好龙的憧憬了。

故自人类进入20世纪以来,从全世界的范围看,除了为爱而弃王冠的温莎公爵一例,无论戏剧中,还是影视文学中,关于爱情的真正感人至深的作品凤毛麟角。

《查泰莱夫人的情人》算一部。但是性的描写远远多于情的表现,也就真的失美了。《廊桥遗梦》也算一部。美国电影《人鬼情未了》是当年上座率最高的影片之一。这后两个故事,其实在中国的古典爱情故事中都可以找到痕迹。我们当然不能认为它们是"移植",却足以得出这样的结论——现代戏剧影视文学中关于爱与情的美质,倘还具有,那么与其说来自现实,毋宁说是来自对古典作品的营养的吸收。

这就是为什么《简·爱》《红字》《梁山伯与祝英台》《白蛇传》以及《牛郎织女》那样的纯朴的民间爱情故事仍能成为文学的遗产的原因。

电影《钢琴课》和《英国病人》属于另一种爱情故事。那种现代的病态的爱情故事,在类乎心理医生对现代人的心灵所能达到的深处,呈现出一种令现代人自己怜悯自己的失落与失贞,无奈与无助。它们简直也可以说并非什么爱情故事,而是现当代人在与"爱"字相关的诸方面的人性病症的典型研究报告。

在当代影视戏剧小说中,爱可以自成喜剧、自成闹剧、自成讽刺剧、自成肥皂剧连续剧,爱可以伴随着商业情节、政治情节、冒险情节一波三折、峰回路转……

但,的的确确,爱就是不感人了,不动人了,不美了。

有时,真想听人给我讲一个感人的、动人的、美的爱情故事呢!不论那是现实中的真人真事,抑或纯粹的虚构,都想听呢……

# 我们为什么如此倦怠？

依我看来，我们这个时代，具有如下特征：

## 人对时代的相对认同

毫无疑问，古往今来，在任何一个国家，人对时代的认同一向是相对的，而且只能以大多数人的态度作为评说依据。我自然是无法进行大规模的问卷调查的，我所依据的只不过是日常感受。即使根本错误、甚或相反，也自信我的感受对他人会多少有点儿社会学方面的参考意义。

新中国曾经历三次类似的时代——第一次是新中国成立伊始；第二次是改革开放初期；第三次，便是现在了。这乃因为，凡三十余年间，种种深刻的和巨大的阵痛，已熬过了剧烈的反应期，现今处于"迁延期"。最广大的工人和农民，毕竟开始分享到某些改革开放的成果了，而且国家的着眼点也开始更多地关注到他们了。当年直接经历了那种剧烈的"反应期"的群体，多已随着时间的推移而成为社会平面图上的边缘群体。倘他们仍能经常听到替他们的利益而代言的声音，那么他们的心理是会比当初平衡些的。所幸这一种声音在各级人大和各级政协仍不绝于耳，并每隔几年总会变成至少一项对他们有利的国策。事实证明他们没有被时代所抛弃不顾，他们已在不同程度上感受到了这一点。

"公民"一词其实是一个分数，他们好比是"分母"，"分母"对时代的不认同性其值越大，公民对时代的认同关系的正值越小。但极易导致人对时代的排斥心理的问题依然不少，一言以蔽之，那就是大多数人的人生究竟还能享受到怎样的社会权利和社会保障？人在此点上所望到的前景越乐观，人对时代才越认同。"能者多得"只是社会财富公平分配的一个方面，而另一个方面是"体恤弱者"。为了增强国人对社会的认同，到了该认真对待另一个方面的时候了。大学生就业问题日益严重，而这意味着新的不认同群体将有可能形成，那么人对时代的认同必将面临新一番考验。

## 理性原则深入头脑

谈到此点，不能不肯定对国人进行普法教育的巨大成绩，也不能不充分肯定"公检法"系统依法维护社会治安所发挥的巨大作用，还不能不对中国底层民众三十余年间越来越冷静的理性自觉加以称赞，这乃是中国儒家思想对民间的悠久熏陶使然，更是1949年以后新政权对民间教化的一种基因的体现。总而言之，中国用了三十年的时间从"人治"走向"法治"，并不算用了太长的时间。底层民众的理性程度，才更标志着一个国家的理性程度；正如底层民众的文明程度，才更标志着一个国家的文明程度；底层民众所达到的生活水准，才更标志着一个国家所达到的生活水准。而最值得正面评说的是——民告官的现象多了。我认为这是我们的国家应感欣慰之事，而不应相反。因为，告是公开的不满，也是对公正的公开的伸张权利。这一权利之有无直接决定人民群众理性选择余地的有无。现在，人民群众终于是有了。虽然还不够大，但已确实证明社会本身的进步。

## 倦怠感在弥漫

这是相对于三十余年间时代的亢奋发展状况而言的。亢奋发展的时代必然在方方面面呈现违背科学发展观的现象，因而必然是浮躁的时代。时代发展的突飞猛进，有时与亢奋的、急功近利的、违背科学发展观的现象混淆在一起，重叠在一起，粘连在一起，你中有我，我中有你，"剪不断，理还乱"。其状况作用于人，使人无法不倦怠。

在某些经济实力雄厚的城市，倦怠呈现为"匀速"，甚至呈现为有意识的"缓速"发展时期。这是一种主动调整，也是对亢奋的自我抑制。经济发展乃是社会发展的火车头。于是普遍之人们的生活质量得以从浮躁状况脱出来，转向悠然一点儿的状况。这一种状态还说不上是闲适，但已向闲适靠拢了。在这些城市，真正闲适的生活也仅仅只能是极少数人才过得上的一种生活。然而，大多数的人们，已首先能从心态上解放自己，宁肯放松对物质的更大更强烈的诉求，渐融入有张有弛的生活潮流之中。故那一种倦怠的状况，实则是一种主动，一种对亢奋与浮躁的自觉违反。

而在另一些城市，倦怠是普遍之人们真正的生理和心理的现状，体现为人与时代难以调和的冲突，体现为一种狭路相逢般的遭遇。时代无法满足人们多种多样的利益诉求，人们也几乎不能再向前推进时代这一超重的列车。时代喘息着，人也喘息着。社会的一切方面每天都在照常运行，甚至也有运行的成果不时显示着，但又几乎各阶层各种各样的人们都身心疲惫，精神萎靡，心里不悦。男人倦怠，女人也倦怠，老人倦怠，孩子也倦怠，从公仆到商企界人士到学子，工作状态也罢，学习状态也罢，生活状态也罢，皆不同程度倦怠了。当各阶层人们付极大之努力，却只能获得极少有时甚至是若有若无的利益回报时，倦怠心理不可避免。

在这些城市，倦怠尤其意味着是对违背科学发展观的一种惩处——在不该追随着亢奋的时候也盲目亢奋，在应该悠着长劲儿来图发展的情况下耗竭了本有的能力。好比是万米长跑运动员，却偏要参加百米竞赛，非但没获得好名次，仅而跑"岔气"了，而且跑伤肺了。

倦怠了的人们不能靠刺激振作起来，要耐心地给以时日才能重新缓过劲儿来。回顾一下已经过去了的三十余年，几乎天天大讲"抓住机遇"，仿佛一机既失，非生便死，等于是一种催人倦怠的心理暗示。早十年提出科学发展观就好了。

## 亚稳定及其代价

凡事，站在相反的角度看，坏事可以变成好事。

倦怠之众，易成稳定之局。然而毕竟不是正常的稳定，故只能称之为"亚稳定"。好比身心疲惫的人，也是变得很顺从了的人。喝之往东，遂往东也；引之往西，则向西去，全没了热忱反应，也没了真诚，没了对许多事的责任心。对于这样的人，许多事情也都变得极其简单——谁发话？怎么干？反倒谁都宁愿做一个随大流听吆喝的人了，因为那意味着即使错了也可以不负责任。而必须充当手持令旗的角色的人，总还是有的。但连这一种人的责任感，其实也只不过是别犯错误这一底线上的最保险的责任感而已。

若将亚稳定视为稳定实在是一厢情愿的，因为那一种稳定通常只不过是一盘散沙。当需要统一步伐、统一意志之时，步伐倒还是能统一，但意志往往仍是一盘散沙……

## 原态个人主义

这里说的"个人主义"，不是曾盛行于西方的"个人主义"——那是一种积极的"个人主义"，即每一个人都应最大限度地提升自己的综合能力，于是提升全社会的发展能量。并且进一步强调，"能力越大，责任越大"。所言"责任"，乃指社会公益责任。

原态的"个人主义"，是我们中国人通常所指所理解的"个人主义"，即最大限度地提升自己的综合能力（包括非正面能力），以使个人利益最大化——到此为止的"个人主义"，"个人"唯是一个人，也包括性质不同的"法人"。若希望能力越大的同时责任也越大，"个人主义"成为我们时代的一种"主义",中国还需经过很多很多年文化的培养……

## 文化两难

公正地看,1949年以后,中国之文化艺术,从未像今天这般繁荣过。而且其繁荣,是越来越多元化的一种繁荣。但是中国经济的发展太不平衡,"欧洲加非洲等于中国",此言虽有夸张意味,的确也在一定程度上描绘了中国不同地区人民大众现实生活水平的巨大差距。即使在同一地区同一城市,收入的差距也是令人咋舌的。

"平均收入"以及"平均收入的增长",在中国其实是喜悦值很小的一种数据。

文化被逼仄在以上差距的峡谷之中,每感两难。

电影在全世界都是最大众化的文娱形式,但在中国,13亿多人中的十之七八,是舍不得花钱看大片的。无论进口的,还是国产的。支持院线票房的,往多了说也就百分之零点几。对于人民大众,电视节目仍然是最廉价的文娱提供,自然也是他们的最爱。而对于电视台,每一档节目的收视率即是它们的生命线,其内容的娱乐性质与收视率息息相关。

大众分明已经厌烦了一味地娱乐供给,但还没准备好接受非娱乐性质的文艺类型。继续厌烦而又继续娱乐着。电视台已经腻歪了每天供给大量的娱乐内容,并且有不少娱乐栏目的从业者事实上已经是做好了转型准备的,也是不乏转型潜质的。但转型无论对于他们自己还是对于电视台,都意味着是在冒险,故他们也只有继续腻歪着又继续供给着。然而,也许正是在这样的情况之下,文化将会依赖其自觉性,整合一切有利能量,最终发生某种"凤凰涅槃"。

## 腐败既隐且敛

腐败现象自然还会存在,但明显的、有恃无恐的腐败将越来越少。以上一种腐败,是以权力院落为保护伞的。从北京到其他城市,此种权力院落盘根错节,相互倚重,其不可动摇的权力地位往往固若金汤。此等权力院落保护之下的腐败,有时仿佛畅行无阻。

但,俱往矣。

显示着某种史性威严的权力院落,在中国已不复存在。保护伞也许还是有的,但大抵都够不上威严了。中国毕竟已进入了一个新的历史时期,社会能见度已不可逆转地渐呈清晰。腐败未经暴露则已,一旦暴露,谁保护谁都是很难的了。无论谁企图充当保护者,都将付出个人代价。

故我们这个时代的腐败,将会变得越来越善于钻法纪的空子,披上合法的外衣,并且越来越具有文明的艺术性,甚至无懈可击的"专业"性。

那么,"反腐"也必将同样具有艺术性和专业性。倘不如此,其反亦难……

# 贵贱揭示的心理真相

人类社会一向需要法的禁束、权的治理。既有权的现象存在,便有权贵者存在,古今中外,一向如此。权大于法,权贵者便超惩处,既不但因权而在地位上贵,亦因权而在人权上贵,是为人上人。或者,只能由权大者监察权小者,权小者监察权微者。凌驾于权贵者之上的,曰帝,曰皇,曰王。中国古代,将他们比作"真龙天子"。既是"龙",下代则属"龙子龙孙"。"龙子龙孙"们,受庇于帝者王者的福荫,也是超社会惩处的人上人。既曰"天子",出言即法、即律、即令,无敢违者,无敢抗者。违乃罪,抗乃逆,逆乃大罪,曰逆臣、逆民。不仅中国古代如此,外国亦如此。法在人类社会渐渐形成以后相当漫长的一个历史时期内,仍如此。中国古代的法曾明文规定"刑不上大夫"。刑不上大夫不是说法不惩处他们,而仅仅是强调不必用刑拷之。毕竟,这是中国的古法对知识分子最开恩的一面。外国的古法中明文规定过贵族可以不缴一切税，贵族可以合理合法地掳了穷人的妻女去抵穷人欠他们的债，占有之是天经地义的。

但是自从人类社会发展到文明的近现代，权大于法的现象越来越少了，法高于权的理念越来越成为共识。法律面前人人平等，于是权贵者之贵不复以往。将高官乃至将首相、总统推上被告席，早已是司空见惯之事。仅1999年不是就发生几桩吗？法律的权威性，使"权贵"一词与从前比有了变化。人可因权而殊，比如可以入住豪宅，可以拥有专机、卫队，但却不能因权而贵。要求多多，比一般人更须时时提醒自己——千万别触犯法律。

法保护权者殊，限制权者贵。

所以美国总统们的就职演说，千言万语总是化作一句话，那就是——承蒙信赖，我将竭诚为美国效劳！而为国效劳，其实也就是"为人民服务"的意思。所以日本的前首相铃木善幸就任前回答记者道："我的感觉仿佛是应征入伍。"

因权而贵，在当代法制和民主程度越来越高的国家里已经不太可能，将被视为文明倒退的现象。因权而殊，也要付出相应的代价。其中一项就是几乎没有隐私可言。因权而殊，不仅殊在权力待遇方面，也殊在几乎没有隐私可言一点上。其实，向权力代理人提供特殊的生活待遇，也体现着一个国家和它的人民，对于所信托的某一权力本身的重视程度，并体现着人民对某一权力本身的评估意识。故每每以法案的方式确定着，其确定往往证明这样的意义——某一权力的重要性，值得它的代理人获得那一相应的待遇，只要它的代理人同时确乎是值得信赖的。

林肯坚决反对因权而贵。在他任总统后，也时常生气地拒绝因权而殊的待遇。他去了解民情和讲演时，甚至不愿带警卫，结果他不幸被他的政敌们所雇的杀手暗杀。甘地在被拥戴为印度人民的领袖以后，仍居草屋，并在草屋里办公、接待外宾。他是人类现代史上太特殊的一例。他是一位理想的权力圣洁主义者，一位心甘情愿的权力殉道主义者。像他那么意识高尚的人也难免有敌人，他同样死在敌人的子弹之下，他死后被泰戈尔称颂为"圣雄甘地"。

无论因权而殊者，还是受权而不受殊者，只要他是竭诚为人民服务的，人民都将爱戴他。但，他们的因权而殊，是不可以殊到人民允许以外去的，更是不可以殊及家人及亲属的，因为后者并非人民的权力信托人。

因贫而"贱"是人类最无奈的现象。人类的某一部分是断不该因贫而被视为"贱"类的。但在从前，他们确曾被权贵者富贵者们蔑称为"贱民"过。我们现在所论的，非他们的人格，而是他们的生存状态。如果他们缺衣少食，如果他们居住环境肮脏，如果他们的子女因穷困而不能受到正常的教育，如果他们生了病而不能得到医疗，如果他们想有一份工作却差不多是妄想，那么，他们的生存状况，确乎便是"贱"的了。我们这样说，仅取"贱"字"低等"的含意。

处在低等生活状态中的民众，他们作为人的尊严却断不可以被论为低等。恰恰相反，比如雨果笔下的冉·阿让。他的心灵，比权贵者高贵，比富贵者高贵。

权贵者、富贵者与"贱民"们遭遇的"情节"，历史上多次发生过。那是人类社会黑暗时期的黑暗现象。"高马达官厌酒肉，此辈杼柚茅茨空"是黑暗的、丑陋的、不公正的人类现象。

"朱门酒肉臭，路有冻死骨"同样是。

一以权贵而比照贫"贱"，一以富贵而比照贫"贱"。萧伯纳说："不幸的是，穷困给穷人带来的痛苦，一点儿也不比它给社会带来的痛苦少。"

限制权贵是比较容易的，人类社会在这方面已经做得卓有成效。消除穷困却要难很多，中国在这方面任重而道远。

约翰逊说："所有证明穷困并非罪恶的理由，恰恰明显地表明穷困是一种罪恶。"

穷困是国家的溃疡。有能力的人们，为消除中国的穷困现象而努力呀!

富贵是幸运。富者并非皆不仁。因富则善,因善而仁,因仁而德贵者不乏其人。他们中有人已被著书而传颂,已被立碑而纪念。那是他们理应获得的敬意。

相反的现象也不应回避——富贵者或由于贪婪,或由于梦想兼而权贵起来,于是以富媚权,傍权不仁,傍权丧德,此时富贵者反而最卑贱。比如《金瓶梅》中的西门庆去贿相府时就一反富贵者常态地很卑贱。同样,受贿的权贵斯时嘴脸也难免卑贱。

全部人类道德的最高标准非其他,而是人道。凡在人道方面堪称榜样的人,都是高贵的人。故我认为,辛德勒是高贵的。不管他是否真的曾是什么间谍,他已然高贵无疑了。舍一己之生命而拯救众人的人,是高贵的。抗洪抢险中之中国人民子弟兵,是高贵的。英国前王妃戴安娜安抚非洲灾民,以自己的足去步雷区,表明她反战立场的行为,是高贵的。南丁格尔也是高贵的。马丁·路德·金为了他的主张所进行的政治实践,同样是高贵的。废除黑奴制的林肯当然有一颗高贵的心。中国教育事业的开拓者陶行知也有一颗高贵的心。人类历史中、文化中有许多高贵的人。高贵的人不必是圣人,不是圣人一点儿也不影响他们是高贵的人。有一个错误一直在人类的较普遍的意识中存在着,那就是以权、以富、以出身和门第而论高贵。

文明的社会不是导引人人都成为圣人的社会。恰恰相反，文明的社会是尽量成全人人都活得自然而又自由的社会。文明的社会也是人心低贱的现象很少的社会。人心只有保持对于高贵的崇敬，才能自觉地防止它趋利而躬而鄙而劣，一言以蔽之，而低贱。我们的心保持对于高贵的永远的崇敬，并不至于便使我们活得不自然而又不自由。事实上，人心欣赏高贵恰是自然的，反之是不自然的，病态的。事实上，活得自由的人首先是心情愉快的人。

《悲惨世界》中的沙威是活得不自然的人，也是活得不自由的人。他在人性方面不自然，他在人道方面不自由，故他无愉快之时，他的脸和目光总是阴的。他是被高贵比死的。是的，没人逼他，他只不过是被高贵比死的。

贵与"贱"是相对立的。在社会表征上相对立，在文明理念上相平等；在某些时候，在某些情况下，则相反。那是在贵者赖其贵的表征受检验的时候和情况下，那是在"贱"者有机会证明自己心灵本色和品质本色的时候和情况下。权贵相对于贫"贱"应贵在责任和使命，富贵相对于贫"贱"应贵在同情和仁爱。贫"贱"的现象相对于卑贱的行为是不应受歧视的，卑贱相对于高贵更显其卑贱。

有资格尊贵的人在权贵者和富贵者面前倘巴结逢迎不择手段、不遗余力，那就是低贱了。低贱并非源于自卑，因为自卑者其实本能地避权贵者、避富贵者，甚至，也避尊贵者。自卑者唯独不避高贵，因为高贵是存在于外表和服装后面的。高贵是朴素的，平易的，甚至以极普通的方式存在。比如《悲惨世界》中"掩护"了冉·阿让一次的那位慈祥的老神父。自卑者的心相当敏感，他们靠了自己的敏感嗅辨高贵。当然自卑而极端也会在人心中生出邪恶。那时人连善意地帮助自己的人也会嫉恨，那时善不得善报。低贱是拿自尊去换利益和实惠时的行为表现，低贱着不以为耻，反以为荣，那就简直是下贱了。

贫"贱"是存在于大地上的问题，所以在大地上就可以逐步解决。

卑贱、低贱、下贱之贱都是不必用引号的，因为都是真贱。真贱是存在于人心里的问题，也是只能靠自己去解决的问题。

辑三

# 身置闹市，心却寂寞

如果这样的一个人，心头中再连值得回忆一下的往事都没有，头脑中再连值得梳理一下的思想都没有，那么他或她的人性，很快就会从外表锈到中间的。

&gt;&gt;&gt;

# 论寂寞

都认为，寂寞是由于想做事而无事可做，想说话而无人与说，想改变自身所处的这一种境况而又改变不了。是的，以上基本就是寂寞的定义了。寂寞是对人性的缓慢的破坏。寂寞相对于人的心灵，好比锈相对于某些极容易生锈的金属。

但不是所有的金属都那么容易生锈。金子就根本不生锈，不锈钢的拒腐蚀性也很强。而铁和铜，我们都知道的，它们之极容易生锈就像体质弱的人极容易伤风感冒。

某次和大学生们对话时，被问，阅读的习惯对人究竟有什么好处？我回答了几条，最后一条是——可以使人具有特别长期地抵抗寂寞的能力。他们笑。我看出他们皆不以为然。他们的表情告诉了我他们的想法——但我们需要具备这一种能力干什么呢？是啊，他们都那么年轻，大学又是成千上万的青年学子云集的地方，一间寝室住六名同学，寂寞沾不上他们的边啊！但我却同时看出，其实他们中某些人内心深处别提有多寂寞了。而大学给我的印象正是一个寂寞的地方，大学的寂寞包藏在许多学子追逐时尚和娱乐的现象之下。所以他们渴望听老师以外的人和他们说话，不管那样的一个人是干什么的，哪怕是一名犯人在当众忏悔。似乎，越是和他们的专业无关的话题，他们参与的热忱越活跃。因为正是在那样的时候，他们内心深处的寂寞获得了适量地释放一下的机会。

故我以为，寂寞还有更深层的定义，那就是——从早到晚所做之事，并非自己最有兴趣的事；从早到晚总在说些什么，但没几句是自己最想说的话；即使改变了这一种境况，另一种新的境况也还是如此，自己又比任何别人更清楚这一点。这是人在人群中的一种寂寞。这是人置身于种种热闹中的一种寂寞。这是另类的寂寞，现代的寂寞。如果这样的一个人，心头再连值得回忆一下的往事都没有，头脑中再连值得梳理一下的思想都没有，那么他或她的人性，很快就会从外表锈到中间的。无论是表层的寂寞，还是深层的寂寞，要抵抗住它对人心的伤害，那都是需要一种人性的大能力的。

我的父亲虽然只不过是一名普普通通的建筑工人，但在"文革"中，也遭到了流放式的对待。仅仅因为他这个十四岁闯关东的人，在哈尔滨学会了几句日语和俄语，便被怀疑是日、俄双料潜伏特务。差不多有七八年的时间，他独自一人被发配在四川的深山里为工人食堂种菜。他一人开了一大片荒地，一年到头不停地种，不停地收。隔两三个月有车开入深山给他送一次粮食和盐，并拉走菜。他靠什么排遣寂寞呢？近五十岁的男人了——我的父亲，他学起了织毛衣。没有第二个人，没有电，连猫狗也没有。更没有任何可读物，有对于他也是白有，因为他是文盲。他劈竹子自己磨制了几根织针，七八年里，将他带上山的新的、旧的劳保手套一双双拆绕成线团，为我们几个他的儿女织袜子，织线背心。这一种从前的女人才有的技能，他一直保持到逝世那一年——织，成了他的习惯——那一年他七十七岁。

劳动者为了不使自己的心灵变成容易生锈的铁，或铜，也只有被逼出了那么一种能力。而知识者，我以为，正因为所感受到的寂寞往往是更深层的，所以需要有更强的抵抗寂寞的能力。这一种能力，除了靠阅读来培养，目前我还贡献不出别种办法。

胡风先生在所有当年的"右派"中被囚禁的时间最长——三十余年，他的心经受过双重的寂寞的伤害。胡风先生逝世后，我曾见过他的夫人一面。我惴惴地问："先生靠什么抵抗住了那么漫长的与世隔绝的寂寞？"她说："还能靠什么呢？靠回忆，靠思想。否则他的精神早崩溃了，他毕竟不是什么特殊材料的人啊！"但我心中暗想，胡风先生其实太够得上是特殊材料的人了啊！幸亏他是大知识分子，故有值得一再回忆之事，故有值得一再梳理之思想。若换了我的父亲，仅仅靠拆了劳保手套织东西，肯定是要在漫长的寂寞伤害之下疯了的吧？知识给予知识分子之最宝贵的能力是思想的能力。因为靠了思想的能力，无论被置于何种孤单的境地，人都不会丧失最后一个交谈的伙伴，而那正是他自己。自己与自己交谈，哪怕仅仅做这一件在别人看来什么也没做的事，他足以抵抗很漫长很漫长的寂寞。如果居然还侥幸有笔和足够的纸，孤独和可怕的寂寞也许还会开出意外的花朵。《绞刑架下的报告》《可爱的中国》《堂吉诃德》的某些章节，欧·亨利的某些经典短篇，便是在牢房里开出的思想的或文学的花朵。

知识分子靠了思想善于激活自己的回忆，所以回忆之于知识分子，并不仅仅是一些过去了的没有什么意义了的日子和经历。哪怕它们真的是苍白的，思想也能从那苍白中挤压出最后的意义——它们苍白的原因。思想使回忆成为知识分子的驼峰。而最强大的寂寞，还不是想做什么事而无事可做，想说话而无人可说；是想回忆而没有什么值得回忆的，是想思想而早已丧失了思想的习惯。这时人就自己赶走了最后一个陪伴他的人，他一生最忠诚的朋友——他自己。

谁都不要错误地认为孤独和寂寞这两件事永远不会找到自己头上。现在社会的真相告诉我们，那两件事迟早会袭击我们。

人啊，为了使自己具有抵抗寂寞的能力，读书吧！

人啊，一旦具备了这一种能力，某些正常情况下，孤独和寂寞还会由自己调节为享受着的时光呢！信不信，随你……

# 论"不忍"

"不忍"二字，曾人言颇多。指谁将做什么狠心之事，却受一时恻隐的干预，难以下得手去。于是，古今中外的小说和戏剧，便有了大量表现此种内心矛盾的情节。倘具经典性，评论家们每赞曰："人性的深刻。"曾有一首唱红一时的流行歌曲《心太软》。"不忍"就意味着"心太软"，"心太软"每每要付出代价，最沉重的代价是搭上自己的命。一种情况是始料不及，另一种情况是舍生取义。

京剧《铡美案》中有一个人物叫韩琪——驸马府的家将。陈世美派他去杀秦香莲母子女三人，"指示"复命时要钢刀见血。那韩琪听了秦香莲的哭诉哀求，明白了她的无辜，目睹了她的可怜，省悟了驸马爷派他执行的是杀人灭口的勾当。天良起作用，又没第二种选择，横刃自刎⋯⋯

某日从电视里看到这一场戏,感动之余,突发篡改之念。原因是,似乎只有篡改了,才能更符合当代之某些中国人的思想观念,才能更具有现实性,才能"推陈出新"……于是篡改如下:

韩琪:"秦香莲,哪里走?留下人头来!"

秦香莲:"啊,军爷,我秦香莲母子女的可怜遭遇,方才不是已说于军爷听了吗?"

韩琪:"听是听,可怜嘛,倒也着实可怜。但却饶你们不得!"

秦香莲复又双膝跪下,并扯一儿一女跪于两旁,磕头不止,涕泗滂沱,咽泣哀求:"啊,军爷呀军爷,既听明白了,既信真相了,既已可怜于我们了,缘何不放小女子一马,又非要我们留下人头来?"

韩琪:"嘟!秦香莲,你也给我仔细听着!想我韩琪,乃驸马府家将。驸马爷与当朝公主,一向对俺不薄。并言事成之后,定有重赏。杀你们母子女三人,对俺易如反掌。区区小事,驸马爷挚诚秘托,俺韩琪身为家将,岂有欺主塞责之理?倘不曾堵得着你们,还则罢了。已然堵你们于此庙中,心软放之,教俺如何向驸马爷交代!韩琪也乃一条好汉,站得直,坐得正,驸马爷与公主面前深获信任。言必信,行必果,驸马府里美名传。若今放了你母子女,我将有何面目重见我那恩主驸马爷!"

153

秦香莲:"军爷呀军爷,难道没听说过'仁以为己任,不亦重乎'这句古话吗?"

韩琪:"秦香莲,难道没听说过'受人好处,替人消灾'这句古话吗?我今杀你们,天经地义,理所当然!不杀,倒特显得我韩琪迂腐了!"

秦香莲:"军爷呀军爷,我们母子女与你往日无冤,近日无仇,军爷还是开恩饶命吧!"

于是再磕头,再哀求;于是子与女皆磕头如捣蒜,皆咽泣哀求……

不料韩琪怒从心起,喝道:"嘟!好个啰唣讨厌的秦香莲!都道是'理解万岁',你怎么只一味儿贪生怕死,丝毫也不理解我韩琪的难处!真真一个凡事当先,只为自己着想的女子!难怪世人说——可怜之人,必有可恨之处!韩琪从前不信,今日信啦信啦!"

秦香莲:"军爷呀……"

韩琪:"休再啰唣,哪个有耐心听你哭哭啼啼,看刀!"

遂手起刀落,将那香莲人头削于尘埃;又"唰唰"两刀,结果了那少年与少女的性命……

当然,开封府包大人帐前,韩琪也就免不了牵扯到人命官司里去了。包大人铡了世美,自然接着要铡韩琪的。

当然还要一番篡改:

韩琪："包大人，冤枉啊，冤枉！韩琪虽死，理上也是不服的！"

包大人："韩琪，似你这等冷酷无情，替主子杀人灭口的恶仆，铡了你，你有什么可冤枉的？你又有什么理上不服的！"

韩琪："包大人，韩琪有自辩书一份，容读。请大人听罢再做明鉴！"

自辩书云：

"君命臣死，臣不得不死；父叫子亡，子不得不亡。此乃我中华民族昭昭纲常之首义也！推而及主奴关系，则可引申出主之忧，奴当解之；主之托，奴当照办的道理。家将者，府奴也。犹如臣唯命于圣上，子依从于父训。违之，殊不义也！抗之，殊大逆不道也！又常言道——有奶便是娘。奶者，实惠之物也；娘者，至尊之人也。如君相对于臣，如父相对于子，亦如主相对于奴也！臣奉君旨而行事，虽错虽恶，错恶在君耳！子依父训而差谬，虽差虽谬，差谬在父耳！奴为主杀人灭口，当诛者，主耳！在家将，只不过例行公事也！小的韩琪杀人，实在也是出于为奴仆者尽职尽责的一片耿耿忠心呀！所以包大人若连韩琪也铡了，韩琪到了阴曹地府也是一百个不服的！"

《赵氏孤儿》中，也有一个与韩琪类似的人物，叫鉏麑，是奸臣屠岸贾的家奴。屠命其深夜去行刺忠臣赵盾。

155

他勾足悬身于檐,但见那赵盾,秉烛长案,正襟危坐,批阅公文。他心里就暗想了:早听说这赵盾是大忠臣,今日亲见,果然名不虚传!此夜此时,良辰美景,哪一王公大臣的府第之中,不是妖姬翩舞,靡音绕梁呢?满朝文武,像赵盾这么家居简陈、尽职至夜者实在不多了呀!我若行刺于他,天理不容啊!他这么一想,可就一时"心太软"了。"心太软",他就做出了太愧对自己的正义冲动之事来了——纵下檐头,蹲立厅堂,朗声高叫:"赵大夫听了,我乃屠岸贾之家奴鉏麑是也!今夜屠岸贾命我前来行刺大夫,并许以重赏。鉏麑每闻大夫刚正不阿之名,心窃敬之。岂忍做下世人唾骂之事!然大夫不死,鉏麑难以复命,故鉏麑宁肯自尽了断恶差!我死之后,那屠岸贾必派他人继来行刺,望大夫小心谨慎,处处提防为是……"

小时候读过这戏本,台词意思记了个大概。于今想来,这鉏麑其实也是不必自己死的。他不妨向赵盾说明自己的两难之境,请赵盾反过来同情自己,体谅自己,对自己"理解万岁"。想那赵盾,既要于昏君当道之世偏做什么刚正不阿之臣,必有思想准备,早已将生死置之度外。绝不会香莲似的魂飞魄散,咽泣哀求。而那鉏麑,杀人前便先获得了被杀者的理解和同情,天良也就不必有所不安了。即使后来因而受审,也可以振振有词地自我辩护——赵盾当时都理解我了,你们凭哪条判我的罪?难道我当时的两难之境就不值得同情吗？

联想开去——罪恶滔天的德国党卫军战犯，后来正是以此种辩护逻辑为自己的罪名开脱的。

侵略的无罪是——"军人以服从命令为天职"。

屠杀犹太人的无罪是——"执行本职'工作'"。

连希特勒的接班人戈林在战后公审的法庭之上，也是自辩滔滔地一再强调——我有我的难处，对我当时的难处，公审法官们应该"理解万岁"……

日本大小侵华战犯，被审时的辩护逻辑还是如此，现在，这逻辑仍在某些日本人那儿成立……

联想回来，说咱们中国，从"文革"后至今，同样的逻辑，在某些"文革"中的小人、恶人、政治打手那儿，也仍被喋喋不休地嘟哝着——大的政治背景那样，我怎么能不服从？我的罪过，其实一桩也不是我的罪过，全是"文革"本身的罪过……

"文革"中狠心的事、冷酷的事太多了。

"不忍"之人的"不忍"之心体现得太少了……

联想得再近些，说现在——大家都知道，是很有一些人肯当杀手的。雇佣金高低幅度较大，从几万、十几万、二十几万到几百万不等。而且，时兴"转包"。每一转再转，中间人层层剥皮。最终的杀人者，哪怕只获几百元也还是不惜杀人，甚至不惜杀数人，不惜灭人满门。

他们丝毫也没了"不忍"之心。

当然,也断不会像小说、戏剧以及近代才有的电影中的情节那样,给被杀者哀求和陈诉真相的机会,自己也完全没有希望被杀者死个明白,要求被杀者对自己"理解万岁"的愿望……

一旦接了钱,他们往往是举枪就射,举刀就砍,举斧就劈。

其过程是那么符合现代的快节奏——想了就议,议了就决,决了就干,干就要干得干脆。自己没"废话",也不听"废话",人性方面绝对不会产生什么"不忍"……

但是,倘被缉拿归案,又总是要找律师替自己辩护,强调自己只不过是被雇佣的"工具"。既是"工具",似乎便可以超脱于人性的谴责。就算有罪,仿佛也罪不当诛。犯死罪的,似乎只应是雇佣者们了……

在中国,可以想象,韩琪和鉏麑那样的杀手、那样的刺客,也许再也不会有了。

他们显得太古典了,因而也未免显得太迂腐了。

我心里,有时却不禁地产生一种崇古之情,每每竟有些怀念他们那样的古代杀手和刺客。于是也不禁地每每自嘲自己的古典情结和与现代格格不入的迂腐……

若联想得更近些,说我们大家人人身边的事——读者诸君,你们是否也和我一样,对"不忍"二字有点儿久违了似的呢？你们是否也和我一样，经常能听到的，倒是"别心太软"的告诫，或"只怪我心太软"的后悔之言呢？

我们大家人人身边的事，当然都只不过是些"凡人小事"，并不人命关天——比如小名小利……千万别心太软！有什么忍不忍的？这年头，你不忍，别人还不忍吗？你不忍了？那么你等着吃哑巴亏吧！于是，我们往往也就正是为了那些小名小利，将别人，甚至将朋友抛出去"变卖"一次，或将友情、信任出卖一次。当陷别人于窘境，于困境，甚至可能毁了别人的名誉之时，我们又往往这样替自己辩护：

我不过是奉行了合理的个人主义啊！如今这年头，谁不像我一样呢？真的，我眼见的这类人和这类事，多得早已使我的心有些麻木了。于这麻木之中，我竟每每很怀念"不忍"二字。难道这"不忍"二字，真的将从我们某些中国人的日常用语中废除了吗？难道我们某些中国人迅速地"现代"起来了的头脑中的观念，真的半点儿古典的缝隙也不存在了吗？给我们中国人的人心，留下一条还能夹住"不忍"二字的缝隙吧！

现实中的"不忍"渐少，小说、戏剧、电影中的"心太软"自然就泛多起来。人想要的，总会以某种方式满足。画饼充饥的方式，于肚子是没什么意义的，于精神，却能起到望梅止渴的作用。

在小说、戏剧和电影中,情节(而且往往是尾声情节)通常是这样设置的——即使是坏人、仇人,一旦落到任凭摆布之境,主角们便顿时心怀恻隐,"不忍"起来。于是坏人、仇人大受感动,幡然悔悟,放下屠刀,立地成佛。于是人性的力量光芒四射……

但在现当代的小说、戏剧和电影中,这样的情节已不常见,被认为是陈旧的套路。事实上也确实成为陈旧的套路。

现当代的小说、戏剧和电影,在处理类似的情节时,似乎更愿告诫和强调人性恶的顽固。那情节一般是这样的——主角们手起而刀不落,枪逼而弹不发,虽咬牙切齿,却终究有几分于心不忍……

于是遏敛杀心,刀归鞘,枪入套,转身而去……

被放条生路的坏人、仇人们却不领情,爬将起来,从背后进行卑鄙又凶恶的暗算……

于是惹得英雄怒发冲冠,慈悲荡然,不复心软,灭绝有理。

这类情节所证明给人看的,乃鲁迅先生"费厄泼赖应当缓行"的主张,或"东郭先生"可以休矣的理念。

还有另一种处理——坏人、仇人暗算成功,主角扑于尘埃,卧于血泊,绝命前指着说出一个字是:"你……"

倘我们用现今生活中的惯常话替他说完,那句话大概是——"你怎么这样!"

坏人、仇人则冷笑不已。或说什么,或什么都不说,趋前再加残害。台词也罢,表情也罢,行为语言也罢,总之是这么个意思——你活该,谁叫你对我心太软?后悔晚啦!

从此等情节,可反观出我们近当代人对人性善与人性恶的大矛盾——我们是多么希望自己的心有所不忍啊!我们又是多么恐惧于一旦不忍导致的悲剧结果啊!

港台的武侠片、江湖片,外国的黑社会片,几乎片片都有相似情节,亦成套路矣。

《这个杀手不太冷》冲击过不少影碟发烧友的内心,故事也比较动人心魄。我也曾是影碟发烧友,当然也动我心魄。此片名译为中文,真有点儿怪怪的。我们将近当代之人心不冷的希望寄托于冷酷杀手,让他替我们去义无反顾出生入死地完成人心不冷的"任务",足见我们自己的心已经多么承受不起"心太软"的人性的负担和后果,也多么渴求人心别太硬的温暖……

此片问世后,同类故事的影片相继而出。仿佛这世界上心并不冷、心最不冷的,倒仅剩下些杀手似的了。比如另有一部美国电影,片名译为中文是《黑杀手》。因为那杀手乃五十来岁、人高马大、外表迟钝木讷的老黑哥们儿。他属于职业杀手。他也自认为杀人是他的职业，与歌唱、经商、体育、拳击、从政等职业没有什么两样。他从事此业二十余年仍能混迹人群，逍遥法外，证明他虽外表迟钝木讷，于业务方面还是有不少"宝贵经验"的。他无忏悔之心，因为他每次进入"工作阶段"之前，都被告之对方是坏人。坏人们消灭不过来，他就"替天行道"。他也是人，也有物质的需求，所以"替天行道"也不能白干。他又认为他从事的是"风险行业"，索费颇高。但是他觉得"廉颇老矣"，厌倦了"工作"，打算自己允许自己"退休"了。偏偏在这样的情况之下，又有人花钱雇他杀人了。若不干，对方威胁要告发他。那他岂不就只有"退休"到监狱里去了吗？他没了选择，违愿地接了钱。一接钱，黑社会内的规矩，就等于签合同了，就负有信誉责任了。而当时接头匆匆，竟忘了问明白将要被杀的是什么人，自己"替天行道"的前提充分不充分？

及至骗开了门，面对一位三分清醒七分醉的水灵小少妇，他不禁地暗暗叫苦不迭。因为他还从未杀过女性。因为那小少妇怎么看都不像坏人、恶人。而且，似乎还未成年……

他冒充检修电路的。她也就相信他是，让他顺便检修一下电视插板——当晚有她喜欢看的肥皂剧，她正因看不成而寂寞，而沮丧。他佯装检修，打开工具箱，取出手枪时，她奔入厨房去了，咖啡溢了，而卧室里传出了婴儿的哭声。他蹿入卧室抱起婴儿拍，哄，唯恐哭声引来多事儿的邻居。此时这杀手，内心不但暗暗叫苦，简直还恼火透了！杀女人已经违反他的职业原则，捎带着还得杀一个不满周岁的孩子！事情明摆着，只杀小母亲，那孩子没人哺乳，很可能也饿死。一不做，二不休地一块儿杀了吧，雇主付给他的可是只杀一个大人的钱！杀了再去讨一份儿"工钱"吧，雇主肯定不认账，肯定会说我也没要求你多杀一个孩子呀！发慈悲不杀孩子呢？万一自己刚杀了母亲，前脚才出门，孩子的哭声就引来了人呢？公寓管理人员看见他进这房间了，那他还能继续逍遥法外吗？

接下来，读者能想象得到的，开始了一连串的喜剧情节。

他抱着孩子问她："你怎么小小年纪就结婚，并且做了母亲？"

他问的当然是气话。因为她的特殊性，使他这一次要完成的"工作"复杂化了——想想以前，"工作"多么简单啊！

她正有对人诉说的愿望，经他一问，于是珠泪成行，娓娓道出一名失足少女值得同情的经历……

在他以前的"工作"中可没有过这种插曲。

他听了，就"心太软"起来。他一"心太软"，就更加生气,因自己竟他妈的"心太软"而生气;因将被杀的是女性而生气;因只收了杀一个大人的钱,有一个孩子的死也将算在自己账上而生气……

他一会儿要杀,一会儿不忍;他要杀时她恐惧,可怜;他不忍时她接着娓娓诉说,显出涉世太浅、心地单纯的可爱模样……

他有一句台词十分精妙:"住口!你已经使我没法儿进行我的'工作'!"

潜台词当然是——你已使我不忍杀你!

此片算不上一部高品位的电影。只不过因为喜剧风格,情节还有意思,表演还逗哏,台词还俏皮……

我喋喋不休地讲这部二三流电影,归根结底想要说的是——我真希望从某些报刊上有一日也读到类似的报道——被雇的杀手终于不忍下手,就像《黑杀手》的结局一样。而不是频频读到——一切杀手杀起人来像干"工作"一样,数千元就"包一次活儿"。甚至,数百元也"包一次活儿"。更甚至,像某些工程一样,中间人多多,吃回扣的多多,层层转包,层层剥皮,永远只有心狠手辣,而人心似乎永远没有不忍的时候……

而我也真希望——现实生活中喜剧多发生一些,甚或闹剧多发生一些。若人心不能在庄重的情况下兼容"不忍"二字的存在,于喜剧和闹剧的发生中出现"心太软"

的奇迹，也是多么的好啊！

读者，你近来可曾听到你周围的人说他或她在某件事、某些小名小利的关头"不忍"过？

"不忍"，"不忍"，人心中的"不忍"哦，真的，我们是不是久违了？

# 一半幸运  一半迷惘

倘我们放眼世界，并且对世界进行历史性的回顾，只要稍加梳理，便不难发现这样一条规律——几乎每一个国家都有过它们内容极为生动活跃的一页，而这一页的内容提要就是"青年时代"。

我用"生动活跃"来形容，意在表述不确定的，介于中性的词性。依我看来，政治进步，经济昌盛，文化繁荣，是为生动活跃。反之，亦是。因既反之，便注定了有青年们被时代所利用，所抛弄于股掌之中，将自己的狂热附祭了历史反面的教训；也注定了有青年们吹响号角，摧枯拉朽，勇作铁血牺牲的大剧上演。只不过后一种大剧的"风格"往往是惨烈的，以"生动活跃"来形容未免轻佻。

从正面看中国历史，一部《三国》，青年英雄辈出；往前推，春秋战国的历史舞台上，青年政治家、军事家、思想家比比皆是；往后查，先秦统一的过程中，大唐建业的过程中，戊戌变法、五四运动、辛亥革命，乃至中国共产党人领导的无产阶级革命，精英聚结，俊杰代出。倘将中国各个重要发展阶段总结了论，凡社会转型期，几乎皆以各阶层青年立大志、做大事、图大业为时代特点。此特点推及世界史来分析，亦有共性。在这些历史的重要发展阶段，青年们往往在少年时期就萌生了相当明确的想法；二十余岁开始作为；三十余岁便受了种种的时代洗礼和实践考验；四十岁左右，大抵已是较为成熟的社会各方面的实践家了。

反之，倘时代出了问题，诸种社会负面氤氲一片，也会自然而然地滋长出破坏性的恶力。比如德国法西斯主义的迅成气候，便是借助了德国青年迷信大日耳曼民族优胜的结果。比如在20世纪70年代……

所幸无论对于中国还是世界，以往的一页都已成为深刻的反省。

而21世纪的世界，当然包括中国在内，是明智地进入了空前理性的时代了。尤其中国，各阶层维护国家大局的意识也变得相当成熟。虽各阶层有其现时期不同程度不同性质的迷惘、困惑、无所适从和浮躁，也有相互之间不同程度不同性质的利益摩擦和冲突，但并不妨碍顾全大局的意识的一致。因为有一点是都明白的：有安定才有发展，有发展才有各阶层乃至具体个人命运朝良好方面的转化。起码是可能有。

因而在中国，在这样的一个时期，也最是青年们的人生希望较多、机遇较多，才能较容易得以呈现和发挥的时期。

从前的青年——缺乏人生的能动力，从前的时代和社会——失去了活力，从前的青年与时代与社会——服从于主宰。

如果回顾一下1949年新中国成立最初阶段中国的年代特征，则任谁都不能不承认，总体而言，那是一个全民热情高涨的年代，并且尤以青年们的建国热情和人生状态最为积极而富有能动力。各行各业，年年涌现模范人物，如雨后春笋。

但分析起来，那又是一种未免过于单纯，甚至可以说是简单的热情和积极性、能动力。它基本上生发于这样一种理念——我将自己的热情、积极性和能动力，最大限度地奉献给国家，国家对我的人生实行"承包"式的、终生的安排。因而不可持续。

农村青年，除了极少数得以通过考入大学这唯一途径改写人生而外，其余一概人的人生注定了统统都是社员。全中国的农村青年的人生，几乎彻底地被时代所模式化了。时代对于数以亿计的农村青年仿佛是一个加工厂，而且只"生产"一种规格的清一色的"产品"，那就是从事原始农业劳动的劳动力。无论你有怎样的才能，你都难以改变你注定了一辈子是农民的"天命"——时代即"天"。若想像今天这样可以遍中国自由闯荡，甚至凭一技之长住留城市，那是时代这个"天"绝对不允许的。若想像今天这样凭一副好容貌、一副好嗓子而摇身一变成演员、成歌星，更是做白日梦了。时代出于它本身的需要，偶尔也给予一展特殊风采的机会。但对大多数人，那往往仅只是一次性或几次性的机会，而根本不可能是改变人生轨迹的机遇。无论主观上多么企图抓住抓牢，都是醒着做梦，没意义的。机会结束，仍要回去做社员，也就是农民……

那么，城市青年从前的人生形态，总体上是否不同一些呢？

答曰：否。

就人生的几乎无选择性这一点而言，与从前农村青年们的人生形态是完全一致的。城市里的小学、初中、高中，乃至中专和大学，在向学生传授知识的同时，亦对学生进行道德评判完全一致、人生价值取向也完全一致的教化。在课堂和学校以外，社会文化继续着如出一辙的洗脑。所以，可这么说，比从前的农村青年容易享受到精神食粮的从前的城市青年，其思想意识之鱼儿，是游在同一规格、同一尺寸的精神的鱼缸里的。那简直又可以说是"泡在"。

而他们的人生轨迹的雷同，更是由时代这一位"阿姨"一揽子做主了的。几十年一贯制的全国统一的工资标准，使几代中国人过着彼此彼此的日子。一切人对人生的个人向往和追求的冲动，几乎最终都以自行放弃转而对时代无怨无悔亦再无激情的服从为结局。人生多姿多彩的种种可能性，都在迫不得已的服从之下烟消云散。"上山下乡"乃是最典型的佐证。从前的城市青年们，只有其个人向往和追求的激情，因了时代的需要而受到肯定和支持时，才能够得以释放，否则绝对不能。举例来谈：

一名被分配在大集体性质的工厂的青年，若企图调转到国营性质的工厂去，倘无力去安排，那就是一辈子也别想实现的愿望了。

一名被分配在街道杂食铺子里当售货员的青年，不打算安安心心地当一辈子吗？那么，会有人做他的思想工作，说服他那是时代的需要，他不愉悦地服从是他的不对。

如果他还不安心呢？那么他将受到警告。

如果警告也不能使他的工作出色起来呢？那么他的下场将是被开除。

而一个因不服从时代的安排被单位开除了的人，意味着被时代抛弃了，意味着连废品回收站这样的单位都难以再接收他了。因为废品回收站既然也是一个单位，它的员工的名额以及他们的工资，也是由国家限定的。

那么，这个人差不多就被时代取消了在城市里正常生存的资格了。并且，他等于被时代宣布为"劣等"的人。

犯了错误的人，只要表示了虔诚的悔改，还有重新获得工作权利的机会。但一个犯了不服从时代安排命运这种错误的人，意味着他直接冒犯的是时代最神圣的权威。若想取得时代的宽恕，非痛哭流涕几遭不可。

从前的时代，视社会为它所操纵的一台机器，视绝大多数人为这一机器的微小部件，或一颗螺丝钉而已。时代的流水线上，成批地生产同样的"部件"和"螺丝钉"。

一言以蔽之，从前的时代，对绝大多数人而言，从不曾是"以人为本"的时代，而是将人"生产资料"化的时代。是的，它只不过将绝大多数人当成社会"资料库"里取之不尽，用之不竭的积压物资……

因而从前的青年，无论农村里的青年还是城市里的青年，总体上共同缺乏的、最为缺乏的乃是人生的能动力。时代和社会本身，也便渐渐地失去了活力。青年与时代与社会的关系，几乎完完全全是被动的，是彻底的服从与主宰的关系。这一种关系一向没有丝毫的松动，直至1966年才松动了一次——于是从前的青年在20世纪70年代宣泄地表演他们的政治参与能量，那是他们的人生能动力唯一被允许体现的方面……

与中国以往任何时代的青年相比，20世纪70年代和80年代出生的中国青年，毫无疑问是幸运得多的——这不但是当代中国青年的幸运，也体现着当代中国的发展和进步。

首先，在人与时代与社会的关系方面，他们不再背负家庭出身的十字架了。每个人在任何时代都是有家庭出身的，家庭出身在从前的时代，亦即社会对人的阶级归类法。从前的几代中国青年，在胎里就被打上了阶级的烙印。自呱呱落地那一天起，就被社会戴着阶级归类法的有色眼镜看待之了。倘他们中谁身上的阶级烙印不是"红色"的而是所谓"黑色"的，那么他们的一生，命中注定了是与出身挣扎不休的一生，几乎至死仍以他们的失败而告终，如果他们没能活到"改革开放"以后的话……

其次，他们不必再以人生最大的，尤其是青年时代最精华的能动力，去追求时代和社会对人最严格的认知性。从前的时代和社会，是多么政治化的时代和社会不言自明。优秀青年的前提是政治上优秀与否，而且只有这唯一的前提。而且政治上优秀与否的标准，随着时代和社会阶级斗争之弦的绷紧，定位越来越"高"，越来越荒唐，直至演变成20世纪70年代的标准。从前的时代，青年们的个人鉴定实际上是政治鉴定，个人履历实际上是政治履历。故从前的青年，档案中倘记载下了"政治不成熟"，那就意味着一辈子"不成熟"了；倘履历中有政治性的不利裁定，那就意味着一辈子的人生被提前裁定了。其后无论在别的方面多么积极努力，都难以受到极端政治化的时代和社会的信赖了。往往，在其他方面越积极努力，越受怀疑，其人生也越不顺利。至于其他方面的才能，注定了的受鄙薄。最好的结果，也不过争取到了"可用而不可重用"的资格。尤其可怕的是，许许多多的人似乎有法定的权力，在某一个具体的青年完全不知的情况之下，将几乎等于判人以"死缓"的政治鉴定，塞入那一青年的档案。

家庭出身，政治鉴定，人只要摊上了两项中的一项"异类"显示，就像摊上了癌症一样。那需要特别能忍的人生熬受力，才会主观上"照常"活着。若两项都在青年时期不幸摊上了，人生就悲惨了。

当今之青年，毕竟不再会被以上两种十字架的阴影所笼罩了。当今之青年，除非他将自己的人生坐标点确定在政治舞台上，否则不必以青年时期最精华的能动力，去竞标社会和时代高悬的政治之标。当今之青年，即或政治上真的不成熟，甚而真的偏激，也自有其可以不成熟和可以偏激的权利。只要自己不因而走向反时代、反社会的人生反面，是有权而且可以一边带着不成熟的政治思想一边在其他方面，比如文艺才能、科技才能、商业才能等方面努力追求其人生愿望的。只要才能被公认，一样获得时代和社会的尊重。人们即使对他们的政治思想不以为然，但对他们被公认了的其他方面的才能是不会加以抹杀的。

当今之青年，也不太会受城市户口或农村户口的终生捆绑了。户口在某些方面，对于当今之青年们仍具有人生的限制性，但与中国以往任何时代相比，那限制性是小得多了。

当今之社会和时代，已基本上形成了这样的理念，那就是——中国的每一座城市，包括首都北京在内，已不仅是城市人的城市和北京，也是属于广大农村青年的。只要他们愿意，他们可以到各个城市，包括北京寻求他们人生的机遇。当然别忘了带身份证。只要遵纪守法，只要他们靠了人生的能动力和实际技能，哪怕是最简单的技能，也可以在各个城市，包括北京生存下去，那么他们的此种权利基本上是不受剥夺的。比如北京电视台的节目主持人田歌，就曾将一名外地长住北京的捡破烂的青年农民请入演播室做嘉宾。他以他的城市生存表现获得了北京某小区居民的信赖和欢迎。他离开了那小区后，北京居民还要设法寻找到他。有些城市，包括北京，几年前就开始向在城市生存表现优秀的"打工仔"和"打工妹"颁发过表彰证书……

以上两方面的幸运之外，起码还有以下诸方面权利，乃是从前任何时代的中国青年连梦想都不敢梦想的：

跨国交往与谋求人生发展的权利——这一点其实已毋庸置疑。仅要指出的是，在从前的时代，一名青年，哪怕只不过其家庭有所谓"海外关系"，包括有中国香港、中国澳门和中国台湾方面的三代以上的远亲关系，人生的底片似乎便有了可疑的背景。哪怕几封有时仅仅一封父辈甚或祖父辈与"海外"的正常通信，都会使一名青年在政治上被划入"另册"，而自己浑然不觉，任凭多么努力向上，都难以获得学校、单位、时代和社会的亲和对待。自然的，至"文革"，这一点发展到了压迫他们的程度……

学习权利——在从前的时代，家庭出身和以上一点，决定一名高考成绩优异的青年，不配或只配被什么样的大学录取，并决定他们毕业后的分配去向和人生前途……

择业权利——在从前的年代，除了少数高干子女，一名青年自己是决然没有什么择业权利可言的。被分配到什么地方，什么行业，什么单位，其人生的句号便往往注定了标在那里。出国谋业是"天方夜谭"。"外企"意味着是一个外星词……

人权——在从前的年代，无论普遍的中国人，还是普遍的中国青年，所能享受到的几乎仅仅是生存权。生存权以外的其他种种权利，都严重缺乏法律应该规定的种种保障。其单位的领导，往往自认为是权力的化身。现在，任谁都可以拿起法律的武器保护自己的人权了。新闻和社会等方面，也都能担负起对中国人维护合法权益的关注和对司法公正的监督了……

人生观的自由——在从前的时代，中国人及中国青年，一旦被认为"人生观"有问题，那么几乎就意味着是时代的"次品"了。现在的中国，从理念上不但允许而且认可"人生观"的多元化是正常的、自然的社会现象，一个人及一名青年，在不危害社会与他人的前提之下，哪怕自践及时行乐的人生观，那也仅是其个人的事，仅体现其对自己的人生责任罢了。时代的主流理念，虽倡导人对自己的人生应负有责任，但并不对某些人自己选择的活法横加干涉，更不至于予以剪除式的打击。

真的，当代中国青年的人生观及爱情观、婚姻观，不但五花八门，而且得以在最大限度上自以为是……

道德观——道德观包含在人生观中。时代仅仅划出了"道德底线"，告诫青年们若突破那底线，便可能触犯法律的边线。因为道德的底线与法律的边线几乎是粘连着的。当代青年，享受着中国从前任何时代都不曾批准给青年们的最大限度的道德指责"豁免权"，致使某些青年，将青春的美好和日子挥霍在"道德底线"上，也将人生的小舞台搭在"道德底线"上，而且自以为是最现代、最潇洒、最自由的活法。

我个人认为，一个人，尤其一名青年，终日活在"道德底线"上是没什么意思的，掰开了揉碎了说，更没什么潇洒可言。

我个人认为，一个国家、一个民族倘有太多的青年以活在"道德底线"上为最快意的活法，对这个国家、这个民族是堪忧的。这不会使这个国家、这个民族的青年成为世界上多么坏的一批青年，因为毕竟有法的边线与道德底线粘连着，电网似的威慑着他们的突破；但却也不能使这个国家、这个民族的青年成为世界上多么可爱的一批青年。因为据我了解，别的国家、别的民族的青年，其实非我们想象的那样，也都以活在"道德底线"上为快意的活法。相反，他们普遍主张寻求超越"道德底线"之上的活法。那么一种活法也许更不负青春和人生意义，那么一些青年也许更可爱……

生活方式——当代中国青年正享受着极多元化的生活方式。在这一点，时代、社会和青年，已形成了中国以往任何时代都不曾出现过的宽松、相互接受的局面。

文化娱乐——当代中国人，尤其青年，在文化娱乐方面的幸运，是接近着当代世界水平的。仅仅由读小说、看电影和看戏剧构成文化娱乐内容的时代已成历史，一去不返。当代文化娱乐的内容，二十年间膨大了何止十倍！

综上所述，既是当代中国青年的幸运，也体现着当代中国的发展和进步……

一个人，尤其是一名青年，终日活在"道德底线"上是没什么意思的，更没什么潇洒可言。但当下许多青年面对聒噪不休的大文化，内心痛苦、沮丧，而且倍感低贱和屈辱——中国文化也应该及时反思。

然而，倘以为当代中国青年全体生逢着以上种种的幸运，便也顺理成章地全体浸泡在注满了幸福液的时代的浴缸里，那么我几乎等于在这里进行欺世之说了。

不，不是这样的。

时代发展和进步的惠利，永远不可能像同一锅炉加温的、使人的身体舒适无比的淋浴水，通过统一的莲花喷头遍洒在每个人身上，而且可以由每个人自己来控制水温。

人类社会还从未经历过如此美好的时代。

由于青年们家境的不同，个人的先天资质和条件不同，决定着他们出生以后，不可能在同一起点上开始自己的人生。比如有的出生于寒门，有的成长于富家；有的父母操权握柄，有的父母积劳成疾；有的被上帝赋予了好的容貌、嗓子和身姿，打理人生的能动力加上令人眼羡的机遇，入世不久便成为演员、歌星、节目主持人、模特、运动员，等等。于是年纪轻轻住豪宅，开名车，并且爱情浪漫美满，于是春风得意，人生一路顺遂，喜事接踵；而有的却以残疾人的体貌，自幼开始在这世界上的唯一一次"竞走"，人生对于自己等于磨难不休的代名词……

那些都叫"命运"。是如基因一样纯粹先天的人生元素，与时代和社会无涉的，也是难以依赖时代和社会的扶持与幸运者们共舞的。只能靠自己后天对人生的耐受力和对磨难的坚忍，像战士一样而不是像这世界的贵客和嘉宾一样实践人生……

但，时代和社会的原因，毕竟是影响更多数青年人生季节的大气象，使当代中国青年中的一部分，虽幸逢"改革开放"却也实际上并无幸福可言。比如经济发展状况的不均衡问题；比如传统大工业的解体造成的失业问题；比如农民负担过重的问题；比如社会保险和慈善事业不完善的问题；比如官员的作威作福、挥霍、浪费和贪污腐化漠视百姓疾苦的问题，使中国有些省份农民的生活仍处在很低很低的水平线上，使有些城市里一批接一批地产生新时期的城市贫民——这样一些家庭中的青年，其人生无疑仍是举步维艰的。倘要追求到人生的一点点满意，无疑是极不容易的。对他们一味回忆从前时代的苦，以启发他们感受现在的甜，是既不能使他们真的觉得幸运，更不能使他们真的觉得幸福的。

时代和社会的原因，乃是时代和社会必须承担的义务。什么时候时代和社会的义务在以上方面作为显著了，什么时候他们才会向时代、向社会交一份发自内心填写的调查表……

现在的中国，虽一年比一年重视教育，大学虽然每年都在扩招，但我们是一个13亿多人口的国家，大学仍不能做到宽进严出，应试教育仍不能从根本上改变，每年跨进大学校门的青年，倘包括了农村青年统计，仍只不过是百分之几。而且，为了维持教育的良性发展，从小学到大学的学费，高到了使不少家庭望洋兴叹而且却步的程度。城市里的少年、青年，因学业竞争的压力而疲惫；穷困农家、穷困地区的少年、青年，因交不起学费而不得不背对教育。在科技如此迅猛推广的现在，少年和青年们背对教育的人生，未来怎样，是可想而知的……在以后若干年内的中国，他们也许离提高人生质量的就业机会越来越远了……

毫无疑问，科技的发展必然促成科技的产业化，科技的产业化必然带来新型的就业机会。但是，也毫无疑问，科技的产业化，是以摧毁传统的工业模式和工业链条为前提的，而支撑后者的，又是为数众多的传统型的、只善操单一工种的工业技工。科技的发展所带来的十项乃至更多项新型的就业机会，其所能吸纳的就业人员的总和，往往抵不上被其淘汰的一种传统工业所造成的失业人数的几分之一，或几十分之一。也就是说，在新派生的科技产业代替传统工业的转型期，失业是面积式的现象，就业是点式现象。而且，科技产业所需要并择优吸纳的，必然是高知识结构的青年。他们起码当有大学毕业的科技产业入场券。无此入场券的青年，将被阻挡在展示新型就业机会的时代场馆入口外，那么他们几乎只能去从事社会服务工作。后一种工作较之前一种工作，是薪金低得多的工作。被无情挡在新型就业机会的时代场馆入口外的青年们，做好充分的心理准备了吗？何况，时代和社会倘未开创好足够他们就业的社会服务工作，有待他们自己去一点一滴地干起来……

在从前的时代，清贫和穷困的生活无论在农村还是城市，都是普遍的现象。没有比衬对象，人眼就难见差别，人心就无物可羡。倘非强调从前的时代也有差别，在农村，那也不过就是两名青壮年劳力一天各挣几角钱之间的微小差别。而在城市，同代人之间的工资差别，最大不超过十元，亦即相差一级或一级半的工资。而且，那十元钱，一般便是同代人之间一辈子的差别。完全不同的工作，几乎相同的工资，这是从前的"中国特色"。

但是现在不一样了。无论在城市还是在农村，两个家庭，两个中国人，两个青年之间的收入差别，可能十几倍，可能几十倍，可能百余倍，用天地之别形容也不过分。而且，巨大的差别，就咄咄逼人地呈现于近旁，并被形形色色的文化反反复复地渲染着，人想装作不知道都是不可能的。

如果说从前的青年只能安于时代强使之的普遍的低收入现状，那么当代的低收入青年，则难免会在咄咄逼人的差异比衬面前内心充满了焦躁，而且深深地痛苦着。

中国的文化应该反省一下的。全世界恐怕没有哪一个国家的文化，像中国当代文化这么势利眼。倘仅仅从电视中来感受中国，那么将会对中国产生极大的错觉，以为它已然是世界上最富裕的国家了；以为每一户中国人家的收入都已高得不得了，因而如果不天天追求时尚，进行高消费，钱就会变成负担之物了。

有些商业广告接近于厚颜无耻。比如某些房地产广告，比如某些珠宝钻戒广告。它们的意思一言以蔽之那就是——"多便宜呀！"而其标价对于工薪阶层，如画在天空上的饼之对于饥汉。或者本就不是向老百姓做的广告，那么就应该把意思说得更明白——"对于富人多便宜呀！"那些广告犯的不是语焉不详的错误，而是故意混淆广告受众群体的常识错误。

有些报刊热衷于宣扬三十岁以前成为百万富翁是容易的。而我们都知道，这不但在中国对于大多数中国青年不容易，在全世界对于大多数外国青年也不容易。

中国有13亿多人口。比十年前多了近3亿。比三十年前多了近一倍，20世纪70年代的中国还是7.5亿人口。青年人数究竟翻了几番，小学算术能力也能算得出。

在这样一个人口众多的国家，大多数人能够过上普通人的生活，已然是国家幸事，已然是中国人幸事。而时下的大文化似乎总在齐心协力地诱惑人们——富有的生活早已摆在你面前，就看你想要不想要了！

许多当代中国青年，面对如此聒噪不休的大文化，包括每每睁着两眼说瞎话的传媒，内心不但痛苦、沮丧，而且倍感低贱和屈辱……

与从前时代的中国青年相比，当代之中国青年，半数以上在确确实实地迷惘着。甚至，也可以说确确实实地体会着另一种不幸……

然而，中国毕竟在向前发展着。

扑朔迷离的中国经济，近年正出现着有根据的乐观拐点。

时代变了，是为"道变"。

"道"既变，人亦必变。

变了的时代，衍生出新的时代人。新的时代人不可能适应从前的时代（尽管他们对现在也不见得多么适应），因而他们不会让时代退回到从前，因而他们必将时代继续推向前去，并在此过程中渐渐适应他们所生逢的时代，并渐渐提高他们打理自己人生的能动力……

归根结底——时代发展的潮流不可抗拒，其实意味着的是这样的法则——倘新的时代人衍生出来了，他们解决他们和时代的关系的方式也是新的，不可抗拒的。他们与时代共同舞向前去的能动力是不可抗拒的。

因为他们明白，他们的希望在前头，而不是在从前……

# "理想"的误区

依我看来,"理想"这一词的词性,是不太好一言以蔽之地确定的。我总觉得它也可以被当成形容词,因为它所意象着的目标必是引诱人的。它还可以被当成动词,起码可以被当成动词的前导词,因为有了理想往往接着便有追求。追求跟着理想走。

人类有理想,国家有理想,民族有理想,每一个具体的个人,通常也都有理想。而具体的个人的理想,皆以他人的人生做参照。在我们这个地球上,有一些人,一出生就已经是贵族了,甚至是王储,或公主……有一些人,一出生就已经是亿万富豪了,因为他或她命中注定是庞大遗产的继承者……有一些人,生逢其时,吉星高照,以几十年的苦心经营,终于换来了累累商业硕果……有一些人,靠着天才的头脑,抓住机遇,成了发明家,名下的专利自然而然地转化为滚滚钱钞……有一些人,赖父辈家族的权力背景而立，捷足易登，仅仅几步就走向了奢侈的生活水平……有一些人，受"上帝"的青睐，胎里带着优秀的艺术细胞，于是而名而富……有一些人，由时代所选择，青年得志，功名利禄集齐一身……商业时代的媒体，一向对这一些人大加宣传。仿佛他们的人生，既是大家的人生的样板，也是大家只要有志气，便都可以追求到的"理想"似的。

这一种宣传的弊端是，使我们这个时代的，尤其是中国的青少年群体之相当多的一部分，陷于对社会普遍规律、对人生普遍规律的基本认识的误区。

我这样说，并不意味着我对以上"一些"人之人生持什么否定的态度。我又不是傻瓜，和每一个不是傻瓜的人一样，毫无保留地认为以上"一些"人的人生，乃是极其幸运的人生。谁若能成为以上"一些"人中的任何一类，无疑将活得特别潇洒。那样的人生确是一种福分。姑且不论那样的人生也包含着可敬的或可悲的付出。

我要指出的是，那样"一些"人，实在是我们这个地球上极少数的一类人，统统加起来，也只不过是几百万分之一。这还是指那样"一些"人中的"普通"类型。至于那样"一些"人中的佼佼者，则就是千万分之一了。比如整个亚洲，半个世纪以来只出了一位李嘉诚和一位成龙。

那样"一些"人之人生，有的足以为我们提供成功人生的经验，有的却几乎没有任何可比因素。时代往往一次性地成全"一些"人的人生。时代完成它那一种使命，往往要具备不少先决的条件。时过境迁，条件改变了，那样"一些"人的人生，便非是靠志气和经验所能"复制"的了，只在精神激励的方面有"超现实"的积极意义了……

我主张有理想、有志气的青少年，不必一味仰视着那样"一些"人开始走自己的人生之路，而首先要扫视一下自己的周围，再确立自己的人生目标，再决定自己的人生究竟该怎么走。

扫视一下自己的周围便会发现，许许多多堪称优秀的男人或女人，在物质生活方面，其实都正过着仅比一般生活水平稍高一点儿的生活。他们毕业于名牌大学，他们留过学，他们有双学位甚至顶尖级的高学位，他们敬业而且在自己的专业领域有所成就，他们已经青春不再人届中年，他们有才华和才干，也有所谓的"知产"……

但他们确乎非是富有的"一些"人。

他们的月薪相对高点，但绝非"大款"。

他们住得相对宽敞，但绝不敢奢想别墅。

他们买得起私车，但并非豪车。

他们的人生能达到这样的程度，少说是在大学毕业后靠了五年的努力，多说靠了十年、十五年的努力……

如果算上他们从小学考初中，从初中考高中，从高中考大学，进而考硕、考博所付出的孜孜不倦丝毫也不敢懈怠的学习方面的努力，那他们为已达到的现状在激烈竞争的社会中付出了多么沉甸甸的代价是可想而知的……

对于最广大的中国人而言，没有他们那一种付出和努力，欲使自己的人生达到他们那样的程度也简直是异想天开！或曰：那也算是成功的人生吗？究竟可不可以算是成功的人生我不敢妄下断言。但我知道，那一种人生在中国已是很不容易争取到的人生。即使在日本，在美国，在我们的同胞世代生存的香港和台湾，普遍的努力的人生，也只不过便是那样的……我主张正为自己的人生蓄力储智的青少年，首先应将这样的人生定为追求的目标。它近些，对它的追求也现实些。我并不是在主张无为的人生。我只不过主张人生目标的追求要分阶段，每一阶段都要脚踏实地去走。至于更高的人生的目标，更大的人生的志向，似应在接近了最近、最现实的人生目标以后再拟计划……这便是我认为的社会的普遍规律和人生的普遍规律。倘连普遍都还难以超越，竟终日仰视"一些"人的极个别的人生，并且非那一种"理想"而不"追求"，则也许最终连拥有普遍的人生的资格都断送了……

# 读书与人生

## （一）

入冬的第一场雪使北京变得有点儿寒冷，很像我的家乡东北。非常感谢大家在这么冷的天里赶到国家图书馆来。我和国家图书馆的陈力馆长（主持人）都是中国民主同盟的盟员，我们达成一种默契，民盟的同志为中国文化事业做任何事情，举办一切和振兴文化有关的活动，我们都要踊跃去参加。仔细想来，这世界以前和现在发生着许多灾难性的事件，许多国家还在流血，还有死亡，有这样那样的灾难，而我们这样一些人，在这样一个日子里，聚集在国家图书馆里讨论读书的话题，应该是一件欣慰和幸运的事情。即使在中国也依然如此，我们还有那么多地方没有脱贫，还有那么多孩子想读书、想上学而不能够实现这个愿望。此时此刻我们谈论读书的话题和读书的时光都是一件幸福的事。

## （二）

最近我一直在想，一个国家的文化肯定和这个国家的经济、科技的发展有密切联系。当一个国家的经济和科技将要振兴或开始衰退，几乎可以从十年前就看出它在文化上的端倪。20世纪90年代初我访问过日本，那时候日本的经济还没有像今天这样呈现比较明显的衰退迹象，但当时我已经非常震惊了。我是第一次到日本，作为一个文化人，我首先利用一切机会考察它的文化，我感到奇怪的是，这个国家的文化在那时已经开始处于颓唐、没落的状况，它的经济为什么还能支撑着呢？我当时不解。后来事实证明它的经济开始衰退了，我从这之间找出了联系。80年代初，有一批日本七八十年代的电影在中国放映，如《野麦岭》《望乡》，电视剧《阿信》，还有《寅次郎的故事》《幸福的黄手帕》《远山的呼唤》，以及写工业家族的《金环石》《银环石》。再往前看50年代的日本电影和书籍，我们发现"二战"后的日本文化由三方面的元素构成：第一个元素是反思意识；第二个元素是卧薪尝胆振兴民族的精神；第三个元素是危机意识。这三种文化因素培养了日本"二战"后的新一代，这种文化背景在他们身上是起了作用的。而到80年代后期，在日本的文化中就几乎看不到这样一种反省的意识了，到处呈现着颓唐和没落。我的感觉是，日本文化总想从现实中抓取到能够构成民族和国家精神的那种文化核心，但此时这种文化已经失去了精神核心，处在一种极其颓唐的娱乐状态。1993年，我和翻译走在银座大街上，翻译指着一个形迹匆匆的男人说："这是我们日本非常著名、家喻户晓的一个青年主持人，你今晚一定要看他的节目。"那天晚上，我在电视上看到的现场直播节目中，主持人用两团胶泥引出一个话题，他问女性的左乳房和右乳房是不是一样大？令我吃惊的是，竟有那么多的女性上台当场脱下衣服，她们脸上已经没有了女性的任何羞涩感。我看得发愣，这不是午夜十二点以后的节目，而是黄金段的正规节目，大人孩子都可以看。第二天晚上我走到地铁站口，突然看到电视台摄制组在现场拍摄，内容是从地铁站口出来的年轻女孩子们如果谁能穿上那件价值一万日元的紧身衣，就送给她，当然她必须当场脱下衣服试穿。很多人脱下衣服，虽然是在白布后面，但晚上打着灯会映出一个女子脱衣服的影子来，主持人还时常做些怪脸。美国人写了一本书叫《娱乐至死》，我感觉日本那时的文化就处在一种大面积的娱乐状态，书店里写真集比比皆是。我想到日本曾经拍过那么好的电影，那些电影在资料馆里放映的时候，北影只有专业人员才能够观看，有一次一位老导演居然把数学家华罗庚夫妇请来观看。我们确实感觉到日本电影中有着一种精神。但是当日本文化一旦翻过这一页，进入全面娱乐化的时候，我也非常真切地感受到这种精神的衰落。回国后我曾写过一篇长文叫《感觉日本》，其中写道：我感觉到某些日本的青年，尤其是日本的女青年脸上有一种单纯，但是那样一种单纯使我震惊，几乎和我们汉语中的"二百五"没有什么太大的区别。什么样的文化能使人们变成那样？我觉得文化肯定不只带给人们审美和娱乐，文化还造就一代人。一个国家的科技也罢，精神也罢，它是不是可持续发展，关键还要靠人。虽然此后大江健三郎获得诺贝尔文学奖，渡边淳一、村上春树的作品目前在中国非常时尚、畅销，我的学生中相当一部分都是村上春树的书迷，因此我也很认真地读了他的几本书。我从这些书中也确实看到了日本当代人，尤其是日本当代青年那样一种精神上的迷惘、困惑和颓唐。这和文化有关，这个文化恰恰是当一个国家经历了最艰难的一段历史之后，当一个民族开始享受它的经济、科技、文化成果之后，当这种享受的过程经历了十年之后，上一代人的某种精神可能是会蜕变的。

（三）

至于欧美，娱乐文化是由他们推动和发展起来的。首先美国为世界制造了大面积的娱乐文化，但是美国是一个什么样的国家呢？它通过电视、通过一切传媒、通过一切文化艺术的形式（包括书籍）传播着最多元的价值观念。但是在欧美许多国家，你又感觉到它有着国家精神，它有着不变的、万变不离其宗的价值观念。这个价值观念是跟基督教文化有关的。基督教文化的正面，说到底就是自律、平等、博爱，跟启蒙时期最朴素的人文文化部分是相通的。也就是说，西方文化有了这一碗饭垫底，无论多么娱乐、多么商业，都不能改变这些国家和地区文化的底色。因此西方的孩子们并不一定要从书本上接受关于人文、同情、博爱、团队精神、责任感，以及关于政治、文明的概念，因为这种文化已经溶解在他们日常的生活中了。西方的孩子从小就沉浸在这种氛围中：撒谎、欺骗、计谋、损人利己，是不光彩的、可耻的、违反道德的。

（四）

文化的影响是什么？我在想文化可否是基因，我认为是可能的，要不为什么说出身于书香门第的人，长大后他身上就有这种气质呢？一定是在一代代的基因里就体现着的。因此美国的孩子即使再娱乐，他从小养成的价值观念是不会动摇的。香港电影演员周星驰被中国人民大学聘为教授。周星驰电影的特色叫"无厘头文化"，在内地，尤其是在大学校园里影响非常广泛。我非常喜欢周星驰，最早看的他的电影是《龙蛇争霸》，那时他还是个小青年，演一个配角，非常不错。在拥有许多优秀演员的香港，他独辟蹊径，形成了自己的表演特色，相当不容易。香港演艺界，尤其是在男演员中，有一批人是苦孩子出身，他们是奋斗者，所以我喜欢周星驰，把他的影片都定为娱乐片，什么《少林足球》《大内密探零零发》等。在他的娱乐片中，虽然大部分情节是搞笑的，包括《大话西游》，但其中有思想或思想的片段。这些片段是深刻的，情节和细节的设置是机智和俏皮的，这些都是我所喜欢的。我跟香港的教师们探讨过关于周星驰电影在香港大学里有没有构成一种影响的问题，是不是周星驰的电影一演，整个香港大学里一片这样的文化呢？回答是相反的！它不会影响到大学校园的文化。香港人只是把它当成电影，看过就过去了，然后还是接受大学文化。为什么在大陆就变成了校园里一片"无厘头文化"呢？这究竟是怎么造成的呢？我作为大学的中文教师，有时候在教学的时候极为困惑，而扭转这一点要费九牛二虎之力，其效果并不好。现在凡女孩子，无论是诗歌、散文、书评、影评、日记，几乎都是一个主题——情爱。凡男孩子，除了极少数还能看到庄重之作，差不多都好像流水线上、复印机上出来的一样，行文都是"周星驰"式的。我说可以换一种行文的方法，可以写一点其他的，但无论如何号召，都是成效甚微，可见其影响之大！这个问题可供我们去思考。我们有些文化现象绝对不是世界性的，比如读书，全世界有一个共性，就是读书的人和以前相比不是多了而是少了。因为先是有电台、有报纸、有刊物，然后有电视、有网络。人们获取一切信息或趣味的东西可以通过各种渠道和形式，书本和人的关系松弛了。但比较特殊的就是中国人与古老的阅读习惯更快地疏远了起来。还有就是这种"无厘头文化"在我们第二代身上所呈现出来的这样一种状况。再有就是手机短信息和网上聊天现象，不要以为这是世界共同的，绝对不是。手机短信息只是中国的特色，国外也有手机短信息，但不会发出那么多俏皮的、娱乐的信息。手机短信息我见过质量非常高、非常深刻、非常有理念的，而且有些几乎是名言，是我们读名人录、名言集的时候所不能读到的一些相当隽永的话语，但大多数的只不过是小聪明而已，没有意思。这些东西构成一种文化的泡沫，只有意思而没有任何意义。文化也有泡沫现象，我们看到美国人制造了大面积的娱乐文化,引领了全球娱乐文化的时代,但美国人无论怎样娱乐,智商都不会降低。可能恰恰在娱乐过程中,他的文化还在提升,智商还在提高。但是另外一些民族可能是在快乐的过程中仅仅被塑造成了只会娱乐的动物,文化的其他元素和人类的关系散失掉了,这是应当考虑的问题。

(五)

中国改革开放的成就,有目共睹。但是如果没有20世纪80年代到90年代那一时期特殊的文化影响,改革开放对于我们国民来说会在心理上、精神上变得那样顺理成章吗?当我们读西方文化史的时候,当我们读到启蒙文学那一时期,我觉得80年代的中国文化包括中国文学就是启蒙的。当时有那么多的文学作品,反映了那么多的社会现象,正因为这个启蒙的作用,才有了今天所看到的经济成果、科技成果。应该看到在80年代整个新时期文学所起到的作用。那个时代在我头脑中留下了一些深刻的文化印象,说起美术,就会想到罗中立的《父亲》,在那样一个年代那样一幅关于陕北老农的油画里,它使我们所有看着、欣赏着这幅油画的人想到了什么?油画本身就传达出了一种思想——有知识、有能力的中国人要奋斗啊!为了我们这样的父亲，它给人的鼓舞是从内心发出的。尤其是油画中的一个细节，老农耳轮所夹的那半截铅笔，老农脸上那一道道深深的皱纹，还有老农的微笑，几乎是对生活没有要求的那种微笑，这就是我们新中国的农民，对于物质生活的诉求是那样的低，能吃饱饭他们脸上就有笑容。作为这个国家的青年人，一想到这样一些农民父兄就觉得自己所负的责任。我还想到另一幅油画《心香》，它的整个画面就是一棵卷心菜，只有少许的几片叶子，已经没有了水汽，没有了支撑力，耷拉在土垄上，而且被菜青虫咬过，但就在卷心菜的正中翠生生地长出了菜花。一看这幅油画，我们立刻知道它所表达的内涵。顿时，那个时代的每位知识分子，无论是青年的、中年的、老年的，都知道我们应该像那卷心菜长出的花一样，即使是在那样的环境中我们也要生长。印象深刻的还有一幅油画好像是叫《穿白色连衣裙的少女》，在还没营业、还没打开小窗的书刊亭旁边，一位穿一袭白色连衣裙的女孩早早地站在那里等待着买书。她手里在看《中国青年》，那显然不是为《中国青年》这本杂志在做广告，而是标志着、传达出那个时期中国青年们的学习热潮。尤其是有的出版社重新出版了古典名著的时候，排了长长的队伍，谁敢说后来为国家振兴做出贡献的那些人士中，与这一文化背景无关。没有这样的文化背景所呈现出来的整个民族向上的精神状态，这些成就能凭空而来吗？它能够成为一个国家的整体成就吗？

## （六）

谈到读书，我希望孩子们从小多读一些娱乐性的、快乐的、好玩的、富有想象力的书，不应该让孩子们看卡通时仅仅觉着好玩。儿童卡通书一定要有想象力，西方儿童读物最具有想象的魅力，但是这种想象的魅力并不是孩子们在阅读时自然而然地就会感觉到的，一定要有成年人在和他们共同讨论中来点拨一下。未来中国人和西方人的一个区别恐怕就在想象力上，科技的成果就和想象力有关。我们孩子的想象力是低于西方某些发达国家的，而且不只是孩子们的想象力，我们文艺创作者的想象力也是低于西方人的。如果人家在想象力方面的智商是"十"，那么我们的想象力恐怕只有"三"或"四"，这是由于整个科技的成果决定了想象力。

我希望青年们读一点历史书籍，不一定从源头开始读起，但至少要把近现代史读一读，至少要"了解"一些，这个了解非常重要！我刚调到大学时曾经想在第一学期不给学生讲中文课，也不讲创作和欣赏，只讲从20世纪50年代到90年代中国人的生活状况，怎样过日子，怎样生活。

当年一个学徒工中专毕业之后分到工厂里,一个月十八元的工资仅相当于今天的两美元多一点,三年之后才涨到二十四元。结婚时,他们的房子怎么样?当年的幸福概念是什么?我在那个年代非常盼望长大,我的幸福概念说来极为可笑,当时我们家住的房子本来已经非常破旧,是哈尔滨市的小胡同、小街、大杂院。大杂院里边窗子已经沉下去的那种旧式苏联房,屋顶也是沉下去的,但是一对年轻人就在那个院子里结婚了,他们接着我家的山墙边上盖起了只有十几平方米的小房子,北方叫作偏厦子,就是一面坡的房顶,自己脱坯拣点砖,抹一点黄泥。那个年代还找不到水泥,水泥是紧缺物资,想看都看不到。用黄泥抹一抹窗台,找一点石灰来刷白了四壁就可以了。然后男人要用攒了很长时间的木板自己动手打一张小双人床、一张桌子。没有电视,也买不起收音机。那时的男人们都是能工巧匠,自己居然能组装出一台收音机,而且自己做收音机壳子。我们家里没有收音机,我就跑到他们家里,坐在门槛上听那个自己组装、自己做壳子的收音机里播放的歌曲和相声。丈夫一边听着一边吸着卷烟,妻子靠在丈夫的怀里织着毛活,那个年代要搞到一点毛线也是不容易的。那就给我造成一种幸福的感觉,我想自己什么时候长到和这个男人一样的年龄,然后娶一个媳妇,有这样一个小屋子,等等。今天对年轻人讲这些,不是说我们的幸福就应该是那样的，而是希望他们知道这个国家是从什么样的起点上发展起来的，至少要了解自己的父兄辈是怎样过来的。应该让他们知道能够走进大学的校门，父母付出了很多。现在年轻人所谓的人生意义，就是怎么使我活得更快乐，很少有孩子想过，爸妈的人生要义是什么？如果许多父母都仅仅考虑自己人生的意义、人生的得失、人生的损失，那么可能就没有今天许多坐在大学里的孩子，或者这些孩子根本就不可能坐在大学里。我们的孩子如果连这一点也不懂的话，那是令人遗憾的，所以要读一点历史。

中年人要读一点诗呀、散文呀，因为我们要理解这样的事情，就是孩子们今天活得也不容易，竞争如此激烈。我们总让他们读一些课本以外的书，但如果一个孩子在上学的过程中读了太多课外书，他可能就在求学这条路上失策了，能进入大学校门绝对证明你没读什么课本以外的书。孩子们的全部头脑现在仅仅启动了一点，就是记忆的头脑、应试的头脑，对此，要理解他们，不能求全责备，他们现在是以极为功利的方式来读书，因为只能那样。但对于中年人，从前"四十而不惑"，我已到"知天命"之年，应该读一点性情读物。我不喜欢看所谓王朝影视，因为有太多的权谋，我从来不看权谋类的书。我建议，首先女人们不看这类书，男人们也可以不看。我们的人生真得时时刻刻与权谋有那么紧密的关系吗？到六十岁的时候，哪怕你就是权谋场上的人，也可以不看了吧！可以看一些性情读物，想读什么就读什么，而且要看那种淡泊名利的。你能留给自己的人生还有多少时光呢？建议老年人要看一些青少年的读物，了解青少年在看什么书，用他们的书来跟他们交谈。老同志不妨读一点儿童读物，也要看一点卡通，同时要回忆自己孩提时读过哪些书。格林兄弟的、安徒生的童话中是不是还有值得讲给今天孩子们听听的。我感觉下一代在成长过程中是特别孤独的，他们很寂寞。父母在很大程度上不可能成为儿童成长过程中的玩伴，他们工作非常紧张，孩子到了幼儿园，老师和阿姨们如何管理呢？第一听话，第二老实。然后呢，最多讲讲有礼貌、讲卫生，唱点儿歌，如此而已，所以孩子们在幼儿园这个学龄前阶段是拘谨的，孩子在一起玩也是不放松的。在孩子们成长过程中，如果家庭环境是上有哥哥下有弟妹，并能够和街坊四邻的孩子一起任性地玩耍，那是最符合孩子天性的。现在的孩子非常孤单，非常寂寞，孩子身上有总体的幽闭和内向的倾向。爷爷、奶奶读书之后和他们做隔代的交流、做隔代的朋友，而孩子读书时不和他们交流，书就会白读。有些书的内容、书的智慧一定是在交流过程中才产生出来的。

# 我的"人生经验"

在某次读书活动中,有青年向我讨教"人生经验"。

所谓"人生经验",我确乎是有一些的。连动物乃至昆虫都有其生活经验,何况人呢?人类的社会比动物和昆虫的"社会"关系复杂,故所谓"人生经验",若编一部"大全",估计将近百条。

但有些经验,近于常识。偏偏近于常识的经验,每被许多人所忽视。而我认为,告诉青年朋友对他们是有益无害的,于是回答如下:

## (一)一类事尽量少做

去年国庆前,我将几位中学时的好同学连同他们的老伴从哈尔滨请到北京来玩——这是我多年的夙愿。他们中有一对夫妇,原本是要来的,却临时有事,去了外地。但他们都在哈市买了来程车票，返程票是我在北京替他们买的——我与售票点儿的人已较熟悉了，他们一一用手机发来姓名和身份证号，买时很顺利。其实，若相互不熟悉，未必能顺利，因为当时的规定是购票须验明购票者本人身份证，否则不得售票——特殊时期，规定严格。

售票点的人熟悉我、信任我，能买到票实属侥幸。

但售票点是无法退票的，只能到列车站去退票，而且也要持有购票人身份证。

我问售票点的人："如果我带齐我的一切证件肯定退不成吗？"

答曰："那只有碰运气了，把握很小，您何必呢？真白跑一次多不值得，还是请你的老同学将身份证快递过来的好。"

而问题是——我那老同学夫妇俩在外地，他们回哈尔滨也是要用身份证的。倘为了及时将身份证快递给我，他们就必须提前回哈市。

我不愿他们那样，尽管售票点的人将话说得很明白，我还是决定碰碰运气。去列车站时，我将身份证、工作证、户口本、医疗卡等一概能证明我绝非骗子的证件都带齐了。

然而我的运气不好。

退票窗口的姑娘说，没有购票人的身份证，不管我有多少能证明自己身份的证件都无济于事，她无权对我行方便，却挺理解我的想法，建议我去找在大厅坐台的值班经理。她保证，只要值班经理给她一个电话指示，她愿意为我退票。

这不啻是好兆头。

值班经理也是位姑娘，也不看我的证件，打断我的陈述，指点迷津："你让对方将他们的身份证拍在手机上再发到你的手机上，之后你到车站外找处打字社，将手机与电脑连接，打印出来。再去车站派出所请他们确认后盖章，最后再去退票就可以了。"

我的手机太老旧，虽当着她的面与老同学通了话，却收不到发过来的图像。

我说："请行个方便吧，你看我这把年纪了，大热的天，衣服都湿了，体恤体恤吧。"

她说："我该告知你的已经告知了，车票是有价票券，你再说什么都没用了。"

我说："我明白你的意思，怕我是个冒退者对不对？所以你要看看我这些证件啊！"

我还调出了老同学发在我手机上的他们夫妇俩的姓名和身份证号码请她与票上的姓名和身份证号码核对一下，但她不再理我了。

我白跑了一次车站。

最终还是——老同学夫妇俩提前从外地回哈尔滨，将身份证快递给我。有了他们的身份证，我第二次去车站，排了会儿队，一分钟就将票退成了。

类似的事我碰到多次，有相当长一个时期，我身份证上的名字与户口上的名字不统一，从邮局取一个是几本书或一盒月饼的邮件或一份小额稿费汇款单，都曾发生过激烈的争执。

对方照章行事，而我认为规章是人立的，应留有灵活一点儿的空间。我每次连户口本都带了，户口本能证明身份证上的名字也是我这个人的名字。但对方若认死理，那我就干没辙。对方的说法是——只能等过期退回，或让派出所开一份正式证明，证明身份证所显示的人与邮件上写的姓名确系同一人。派出所也不愿开此类证明，他们怕身份证是我捡的。

而我的人生经验之一便是——若某部门有某种规定明明是自己知道的，比如退列车票也须持有购票人的身份证；领取邮件须持有与邮件上的姓名一致的身份证——我们明明知道的话，就不要心存侥幸。

勿学我，侥幸于自己也许会面对着一个比较好说话、不那么认死理的人。

我的经验告诉我，面对一个好说话的人的概率仅十之一二而已，面对一个认死理的人的概率却是十之八九的事。

这也不仅是中国现象,世界上每个国家都有认死理的人,遇到不好说话的人和好说话的人的比例估计差不多也是十之八九比十之一二。起码,我在别国的小说和电影中看到的情况是那样,故我希望碰上了类似之事的人,大可不必因而就影响了自己的爱国情怀。

首先,要理顺某些可能使自己麻烦不断的个人证件关系——现在我身份证的名字终于与户口上的名字统一起来了。

其次,宁肯将麻烦留给自己,也比心存侥幸的结果好。比如我所遇到的退票之事,无非便是请老同学提前回哈尔滨,将身份证寄来,有了他们的身份证,也就不必白跑一次列车站了,更不会与不好说话的人吵了一番,白生一肚子气了。

虽然认死理的人全世界哪一个国家都有,但中国更多些。

所以,将希望寄托于面对一个比较好说话的人的事,以根本不那么去做为明智。

## (二)有些话尽量不说

还以我退票之事为例。

我要达到目的，自然据理力争——退票又不是上车，在职权内行个方便，会有什么严重后果呢？无非怕我是个骗子，票是捡的甚或是偷的抢的。但我出示的包括身份证、户口本在内的证件，明明可以证明我不会是骗子啊。

我恳求道："你看一眼这些证件嘛。"

她说："没必要看，户口本和身份证也有假的。"

我怔了片刻又说："那你看我这老头会是骗子吗？"

她说："骗子不分年龄。"

我又怔了片刻，愤然道："你怎么这种态度呢？那你坐在这里还有什么意义呢？"

她说："你的事关系到人命吗？既然并不，铁道部部长来了我也这种态度。"

我顿时火冒三丈。

尽管铁道部已改成铁路总公司了，她仍习惯于叫"铁道部部长"。

而我之所以发火，是因为她那么理直气壮所说的话分明是二百五都不信的假话。别说铁道部部长了，也别说我持有那么多证件了——即使她的一个小上级领着一个人来指示她："给退票窗口打个电话，把这个人的票给退了。"说完转身就走，她会不立刻照办吗？肯定连问都不敢多问一句。或者，她的亲戚朋友在我那种情况下想要退票，也必然根本就不是个事。

这是常识，中国人都明白的。

当时我联想到了另一件事——有次我到派出所去，要开一份证明我与身份证上的名字是同一个人的证明，说了半天，就是不给我开，答曰："派出所不是管你们这些事的地方。"

这也是一句假话。

因为我知道，派出所不但正该管这类事，而且专为此类事印有证明信纸，就在她办公桌的抽屉里。有了那样的证明，我才能在机场派出所补页允许登机的临时身份证明，第二天才能顺利登机。

但她似乎认为她的抽屉里即使明明有那种印好的证明信纸，我也不应该麻烦于她——而应将票退了，再重买一张与身份证上的名字相符合的机票。

那日我骂了"浑蛋"。

结果就更不给我开了。

无奈之下，猛想起导演尹力与派出所有密切关系，当即用手机求助。

尹力说："老哥，别急，别发火，多大点事儿啊，等那儿别走。"

几分钟后，一位副所长亲自替我开了证明。

口吐粗话是语言不文明的表现，过后我总是很懊悔。并且，我已改过自新了。以后再逢类似情况，宁可花冤枉

207

钱，搭赔上时间和精力将某些麻烦事不嫌麻烦地解决了，也不再心存也许偏就碰上了一个好说话的人那种违背常理的侥幸了——那概率实在太低，结果每每自取其辱，也侮辱了别人。

我要对青年朋友们说的是，你们中有些人，或者正是从事"为人民服务"之性质的工作的人，或者将要成为那样的人。恰恰是"为人民服务"性质的工作，大抵也是与职权联系在一起的工作。而职权又往往与"死理"紧密联系在一起。参加工作初期，唯恐出差错，挨批评，担责任。所以，即使原本是通情达理、助人为乐的人，也完全可能在工作岗位上改变成一个"认死理"的人。

若果而变成了这样一个人，又碰上了像我那么不懂事，心怀侥幸企图突破"死理"达到愿望的讨厌者，该怎么办呢？

我的建议是——首先向老同志请教。有少数老同志，工作久了，明白行方便于人其实也不等于犯什么错误的道理；或者，以其人之道，还治其人之身，以自己年轻权力实在有限无法做主为托词，反博同情。此等哀兵策略，每能收到良好效果。

但，尽量别说"××部长来了我也是这种态度"之类的话。

在中国，这种根本违背中国人常识的话，其实和骂人话一样撮火，有时甚至比骂人话还撮火。

君不见，某些由一般性矛盾被激化为事件的过程，往往导火线便是由于有职权一方说了那种比骂人话还撮火的话。

## （三）某类人，要尽量包容

我的一名研究生毕业后在南方某省工作，某日与我通手机"汇报"她的一段住院经历——她因肠道疾病住院，同病房的女人五十二三岁，是一名有二十余年工龄的环卫工，却仍属合同工，因为家在农村，没本市户口。

我们都知道的，医院里的普通双人间是很小的——但她的亲人们每天看望她；除了她的丈夫，还有她的儿子、儿媳、六七岁的孙子以及女儿、女婿。她丈夫是建筑工地的临时伙夫，其他亲人都生活在农村。父母在城里打工，儿女们却是茶农，这样的情况是不多的。

从早到晚她的床边至少有三个亲人——两个大人和她的孙子。而晚上，医院是要清房的，只允许她的一个亲人陪护她，她的孙子就每每躲在卫生间甚至床下，熄灯后与陪护的大人挤在一张窄窄的折叠床上睡。白天，那小孙子总爱看电视，尽管她一再提醒要把音量开到最小，还是使我的学生感到厌烦。并且她的亲人们几乎天天在病房的卫生间冲澡、洗衣服，这分明是占公家便宜的行为！我的学生内心里难免会产生鄙视。

"我本来打算要求调房的，但后来听医生说她得的是晚期肠癌，已经扩散，手术时根本清除不尽，估计生命期不会太长的。我就立刻打消了调房的念头，怕换成别人，难以容忍她那些亲人。老师，我这么想对吧？"

我的回答当然是："对。"

后来，那女人的工友们也常来看她，我的学生从她的工友们的话中得知——二十余年间，她无偿献血七八次；她是她们的组长，她受到的表彰连她自己也记不清有多少次了。总之，她是一个好人，好环卫工人。

那日她的工友们走后，我的学生已对她心生油然的敬意了。

而她却说："别听她们七嘴八舌地夸我，我身体一向很好，献血也是图的营养补助费。"

她说她献血所得的钱，差不多都花在孙子身上了。

她的话使我的学生几乎落泪，也更尊敬她了，因为她的坦率。

她说她是他们大家庭的功臣，她丈夫的工作也是她给找的。因为有他们夫妇俩在城里打工挣钱，经常帮助儿女的生活，儿女才逐渐安心在乡下做茶农了，生活也一年比一年稳定和向好了。也正因为她是这样的母亲，她一生病,亲人们自然全来了。

她说她和丈夫租住在一间十二三平方米的平房里,舍不得花钱,没装空调,正值炎热的日子,她的亲人们特别是小孙子更愿意待在病房里——有空调啊!

此时,我的学生反而替她出谋划策了——我的学生注意到,到病房有两个楼梯口。左边的,要经过护士的值班室,而右边的就不必。以后,她的亲人们就都从右边的楼梯到病房来了。

我的学生独自在那座城市工作,也想雇一名陪助。

她说:"何必呢?我女儿、儿媳不是每天都有一个在吗?你随便支使她们好了,你们年轻人挣钱也挺不容易的,能省就省吧。"

我的学生高兴地同意了。

"老师,其实我不是想省一笔钱,是想有理由留给她一笔钱。"

我说:"你不说我也知道。"

学生问:"老师为什么能猜到?"

我说:"因为你是我学生啊。"

我的学生出院时,委托护士交给那名环卫女工两千元钱。

一个多星期后我的学生到医院复查时,得知她的病友也出院了——那环卫女工没收她的钱,给她留下了一条红腰带，今年是我的学生的本命年。红腰带显然是为她做的，其上，用金黄色的线绣着"祝好人一生平安"几个字。

学生问："老师，怎么会这样？"

我说："怎样啊？"

她说："我居然在别人眼里成了好人！"

我说："你本来就是好人啊！"

我的手机里传来了我学生的抽泣声。

在那一天之前，我只对我的学生们说过："希望你们将来都做好人。"——却从没对任何一名学生说过："你本来就是好人。"

我觉得，我的学生也是由于我那样一句话而哭的。

对于显然不良的甚至恶劣的行径，包容无异于姑息怂恿。但，有时候，某些人使我们自己不爽的做法，也许另有隐衷。此时我们所包容的，完全可能是一个其实很值得我们尊敬的人。此时包容能使我们发现别人身上良好的一面，并使自己的心性也受到那良好的影响。

包容会使好人更好。

会使想成为好人的人肯定能够成为好人。

会使人倾听到对同一人物、同一事件、同一现象的多种不同的声音，而善于倾听是智者修为——包容会使人更加具有"自由之思想，独立之精神"。

故包容不仅对被包容者有益，对包容者本身也大有裨益。

## （四）一类事做了就不后悔

某日我从盲人按摩所回家，晚上九点多了，那条人行道上过往行人已少，皆步履匆匆，而我走得从容不迫。

在过街天桥的桥口，我被一个女人拦住了——她四十多岁，个子不高，短发微胖，衣着整洁。她身边还有一个女人，身材高挑，二十六七岁，穿得很正规，胸前的幼儿兜里有一个一岁左右的孩子，在睡着。她一手揽着幼儿兜，一手扶着幼儿车的车把。幼儿车是新的，而她一脸的不快与茫然。

拦住我的女人说，年轻的女人是她的弟媳。小两口吵架了，她弟媳赌气抱着孩子要回老家，而她追出来了，她俩谁的身上也没带钱。她弟媳还是不肯回家，她怕一会儿孩子醒了，渴了……

我明白了她的意思，给了她二十元钱。不论买水还是买奶，二十元绰绰有余。

我踏上天桥后，她又叫住了我，并且也踏上了天桥，小声央求我再多给她些钱。

"天都这么晚了，我怕我今晚没法把我弟媳劝回家了……可我们在哪儿过夜啊！您如果肯多给我点儿，我再要点儿，我们两个大人一个小孩今晚就能找家小旅店住一下……"

我望一眼那年轻的女人，她的脸转向了别处。我略一犹豫，将钱夹中的二百多元钱全给她了。

隔日在家看电视，电视里恰好讲到各种各样行乞乃至诈骗的伎俩，而"苦肉计"是惯技之一。

我便不由得暗想，昨天晚上自己被骗了吗？

我之所以将钱包里的钱全给了那个女人，另一个女人身上的小孩子起了很大的作用。

但我毕竟也不是一个容易轻信的人，我是经过了判断的——像她们那样乞讨，预先是要有构思的，还要有道具。果而是骗乞，孩子和幼儿车岂不一样成了道具了吗？而且，构思甚具创新，情节既接地气又不一般化。问题是，那么煞费苦心，一个晚上又能骗到多少钱呢？

也许有人会说，你不是就给了二百多元吗？一晚上碰到两个你这样的人，一个月就会骗乞到一万五千多，而且只不过是半个夜班三四个"工作"小时的事。被她们骗了，对辛辛苦苦靠诚实的劳动每月才挣几千元的人是莫大的讽刺！你被骗了其实也等于参与了讽刺。

而我的理性思考是——不见得每天晚上都碰到我这样的人吧？

为了解别人面对我遇到的那种事究竟会怎么想，我与几位朋友曾颇认真地讨论过，每一位朋友都以如上那种思想批判我。

也有朋友说，就算她们每三天才碰到一个你这样的人，一个月那也能讨到两三千元吧？她们是较高级的骗乞者，不同于跪在什么地方见人就磕头那一类。对于那一类乞讨者，给钱的人往往给的也是零钱，给一元就算不少了，给十元就如同"大善人"了。可你想她们那"故事"编得多新，使想给她们钱的人，少于十元根本给不出手。而且呢，你也不要替她们将事情想得太不容易了。其实呢，在她们跟玩儿似的——预先构思好了"故事"，穿得体体面面的，只当是带着孩子逛逛街散散步了。锁定一个目标，能骗多少骗多少。即使到十点多了一个也没骗成，散散步对身体也是有益的嘛！……

我认为朋友的判断不是完全不合逻辑。

但我又提出了一个问题，即——就算我们所遇到的类似的事十之八九是骗，那么，总还有一两次可能不是骗吧？

于是，事情会不会成了这样——需要一点儿钱钞帮助的人认为我们是大千世界中那个有可能肯于帮助自己的人，而我们基于先入为主的阴谋论的成见，明明能够及时给予那点儿帮助，却冷漠而去。须知，在这种情况之下，我们所遇非是十之八九的骗而是十之一二的真,我们自己对于那"真"要么是十之八九的不予理睬者,要么是十之一二的使"真"之希望成真的人。如果人人都认为自己所遇之事百分之百是骗,那么那十之一二的"真"对于我们这个大千世界还有什么希望可言呢?

朋友则强调:十之一二构不成经验,十之八九才是经验——人要靠经验而不要靠形而上的推理行事才对。

然而又数日后,我竟在一家超市再次遇见了那两个女人——年轻的仍用幼儿兜带着孩子,年长的推着那辆幼儿车。

她们对我自是一再感谢,还给了我二百多元钱。我也没来虚的,既还,便接了——我觉得她们是真心实意地要还。

原来她们租住在离我们那一小区不远的平房里。

与十之八九的骗不同的十之一二的她们,偏巧让我碰上了。十之一二的我这样的非阴谋论经验主义者,也偏巧让她们碰上了。

所谓极少数碰上了极少数。

在中国,其实没有谁好心施舍十次却八九次都被骗了。更多的情况是,一个人只不过发扬好心了一两次,被骗了。

那又怎样呢?

不就是几元钱、十几元钱的事吗？

值得耿耿于怀一辈子吗？

难道中国人都想做一辈子没被骗过的人吗？

连上帝也受过骗，诸神也受过骗，撒旦也受过骗，不少高级的骗子也受过骗。

身为人类，竟有绝不受骗之想，乃人类大非分之想，可谓之曰"超上帝之想"。此非人类之想，亦非诸神之想。

故，若世上有一个人是终生从未受过一次骗的人，那么此人不论男女，必是可怕的。

当然，我这里仅指面对乞讨之手的时候。

君必知，某些有此经历并受骗过一次并因而大光其火发誓以后再也不给予的我们的许多同胞，虽一生不曾行乞，但有几个一生不曾骗人呢？他们中有人甚至骗人成习，而且骗到国外去。早年间出国不易的时代，在外国使馆办理签证的窗口前，他们往往便一句谎话紧接着另一句谎话，所编"故事"的水平一点儿也不逊于街面上的骗乞者。

"己所不欲，勿施于人"这话，在许多同胞内心里的解读其实是——"尔所不欲，勿施于吾"。在现实中的现象则往往是——"吾欲，故施己所欲于人也"，并且从不内省这理由是否具有正当性。

面对乞讨之手，我的经验是——"骗"字即从头脑中闪过，便信那直觉，漠然而过，内心不必有什么不安，若直觉意使自己相信了，施与了，即使人人讥为弱智，亦当不悔。

那样的时候所做的那样的事，是人生做了最不值得后悔的事之一种。

以上都是些"鸡毛蒜皮"的人生经验，与成功学无关，与名利更无关，与职场帷幄、业界谋略也不搭界。概言之，不属于智商经验，也不属于情商经验。

我自谓之曰"琐碎心性经验"。

大人物们无须此类经验，他们的心性不装那等琐碎。

但我们不是大人物的中国人，基本上终日生活在琐碎之中，我们之心情也就只能于琐碎之中渐悟人性之初谛……

辑四

# 理想，是对某一种活法的主观选择

有理想是一种积极主动的活法，不被某一不切实际的理想所折磨，调整方位，更是积极主动的活法。

>>>

# 何妨减之

某日,几位青年朋友在我家里,话题数变之后,热烈地讨论起了人生。依他们想来,所谓积极的人生肯定应该是这样的——使人生成为不断地"增容"的过程,才算是与时俱进的,不至于虚度的。我听了就笑,他们问:"您笑是什么意思呢?不同意我们的看法吗?"

我说:"请把你们那不断地'增容'式的人生,更明白地解释给我听来。"

便有一人掏出手机放在桌上,指着说:"好比人生是这手机,当然功能越多越高级。功能少,无疑是过时货,必遭淘汰。手机必须不断更新换式,人生亦当如此。"

我说:"人是有主观能动性的,而手机没有。一部手机,其功能多也罢,少也罢,都是由别人设定了的,自己完全做不了自己的主。所以你举的例子并不十分恰当啊!"

他反驳道:"一切例子都是有缺陷的嘛!"

另一人插话道:"那就好比人生是电脑。你买一台电脑,是要买容量大的呢,还是容量小的呢?"

我说:"你的例子和第一个例子一样不十分恰当。"他们便七言八语"攻击"我狡辩。

我说:"我还没有谈出我对人生的看法啊,'狡辩'罪名无法成立。"于是皆敦促我快快宣布自己对人生的看法。

我说:"你们都知道的,我不用手机,也不上网。但若哪一天想用手机了,也想上网了,那么我可能会买小灵通和最低档的电脑。因为只要能通话,可以打出字来,其功能对我就足够了。所以我认为,减法的人生,未必不是一种积极的人生。而我所谓之减法的人生,乃是不断地从自己的头脑之中删除掉某些人生'节目',甚至连残余的信息都不留存,而使自己的人生'节目单'变得简而又简。总而言之一句话,使自己的人生来一次删繁就简……"

我的话还没说完,友人皆大摇其头曰:"反对,反对!"

"如此简化,人生还有什么意思?"

"面对丰富多彩、机遇频频的人生,力求简单的人生态度,纯粹是你们中老年人无奈的活法!"

我说:"我年轻时,所持的也是减法的人生态度。何况,你们现在虽然正年轻着,但几乎一眨眼也就会成为中老年人的。某些人之所以抱怨人生之疲惫,正是因为自己头脑里关于人生的'容量'太大太混杂了,结果连最适合自己的那一种人生的方式也迷失了。

"而所谓积极的、清醒的人生,无非就是要找到那一种最适合自己的人生方式。一经找到,确定不移,心无旁骛。而心无旁骛,则首先要从眼里删除某些吸引眼球的人生风景……"

朋友皆黯然,未领会我的话。

我只得又说:"不举例了。世界上还没有人能想出一个绝妙的例子将人生比喻得百分之百恰当。我现身说法吧。

"我从复旦大学毕业时,二十七岁,正是你们现在这个年龄。我自己带着档案到文化部报到时,接待我的人明明白白地告诉我,我可以选择留在部里的。但我选择了电影制片厂。别人当时说我傻,认为一名大学毕业生留在部级单位里,将来的人生才更有出息,可以科长、处长、局长地一路在仕途上'进步'着!但我清楚我的心性太不适合所谓的'机关工作',所以我断然地从我的头脑中删除了仕途人生的一切'信息'。仕途人生对于大多数世人而言,当然意味着是颇有出息的一种人生。

"但再怎么有出息,那也只不过是别人的看法。我们每一个人的头脑里,在人生的某阶段,难免会被塞入林林总总的别人对人生的看法。这一点确实有点儿像电脑,若是新一代产品,容量很大,又与宽带连接着,不进入某些信息是不可能的。然而判断哪些信息才是自己所需要的信息,这一点却是可能的。

"其实有些事不试也可以知道自己的斤两。比如潘石屹,在房地产业无疑是佼佼者。在电影中演一个角色玩玩,亦人生一大趣事。但若改行做演员,恐怕是成不了气候的。做导演、作家,想必也很吃力。而我若哪一天心血来潮,逮着一个仿佛天上掉下来的机会就不撒手,也不看清那机会落在自己头上的偶然性,不掂量自己与那机会之间的相克因素,于是一头往房地产业钻去的话,那结果八成是会令自己也令别人后悔晚矣的。

"说到导演,也多次有投资人来动员我改行当导演的。他们认为观众一定会觉得新奇,于是有了炒作一通的那个点,会容易发行一些。

"我想,导一般的小片子,比如电影频道播放的那类电视电影,我肯定是力能胜任的。600万以下投资的电影,鼓鼓勇气也敢签约的(只敢一两次而已)。倘言大片,那么开机不久,我也许就死在现场了。我曾说过,当导演第一要有好身体,这是一切前提的前提。爬格子虽然也是耗费心血之事，劳苦人生，但比起当导演，两种累法。前一种累法我早已适应，后一种累法对我而言，是要命的累法……"

年轻的客人们听了我的现身说法，一个个陷入沉思。

最后说："其实上苍赋予每一个人的人生能动力是极其有限的，故人生'节目单'的容量也肯定是有限的，无限地扩张它是很不理智的人生观。通常我们很难确定自己究竟能胜任多少种事情，在年轻时尤其如此。因为那时，人生的能动力还没被彻底调动起来，它还是一个未知数，但这并不意味着我们连自己不能胜任哪些事情也没个结论。

"在座的哪一位能打破一项世界体育纪录呢？我们都不能。哪一位能成为乔丹第二或姚明第二呢？也都不能。歌唱家呢？还不能。获诺贝尔和平奖呢？大约同样是不能的，而且是明摆着的无疑的结论。那么，将诸如此类的，虽特别令人向往但与我们的具体条件相距甚远的人生方式，统统从我们的头脑中删除掉吧！

"加法的人生，即那种仿佛自己能够愉快地胜任充当一切社会角色，干成世界上的一切事而缺少的仅仅是机遇的想法，纯粹是自欺欺人。"

一种人生的真相是——无论世界上的行业丰富到何种程度，机遇又多到何种程度，我们每一个人比较能做好的事情，永远也就那么几种而已。有时，仅仅一种而已。

所以即使年轻着，也须善于领悟减法人生的真谛：

将那些干扰我们心思的事情，一而再，再而三地从我们人生的"节目单"上减去、减去，再减去。于是令我们人生的"节目单"的内容简明清晰，于是使我们比较能做好的事情凸显出来。所谓人生的价值，只不过是要认认真真、无怨无悔地去做最适合自己的事情而已。

花一生去领悟此点，代价太高了，领悟了也晚了。花半生去领悟，那也是领悟力迟钝的人。

现代的社会，足以使人在年轻时就明白自己适合做什么事。

只要人肯首先向自己承认，哪些事是自己根本做不来的，也就等于告诉自己，这种人生自己连想都不要去想。如今"浮躁"二字已成流行语，但大多数人只不过流行地说着，并不怎么深思那浮躁的成因。依我看来，不少人之所以浮躁并因浮躁而痛苦着，乃因不肯首先自己向自己承认——哪些事情是自己根本做不来的，所以也就无法使自己比较能做好的事情在自己人生的"节目单"上简明清晰地凸显出来，却还在一味地往"节目单"上增加种种注定与自己人生无缘的内容……

社会的面向大多数人的文化在此点上扮演着很劣的角色——不厌其烦地暗示着每一个人似乎都可以凭着锲而不

舍做成功一切事情；却很少传达这样的一种人生思想——更多的时候锲而不舍是没有用的，倒莫如从自己人生的"节目单"上减去某些心所向往的内容，这更能体现人生的理智，因为那些内容明摆着是不适合某些人的人生状况的……

# 最合适的，便是最美的

哪一个青年没有过理想？谁甘愿度过平庸的一生？

当这样的问题摆在面前，很多人也许会想到宗教。

其实宗教也是一种理想。

人和植物、动物的区别，重要的一点恰恰在于人会设计自己的愿望，有实现这一愿望的冲动。理想使人高出宇宙万物，理想使人具有百折不挠的精神力量。因而当人实现这一愿望的冲动受挫，理想便使人痛苦。

如果能够进行统计的话，实现了自己的理想的人必然是少数。那么是否绝大多数的人又都是不幸的呢？我相信不是这样的。

理想，说到底，无非是对某一种活法的主观的选择。客观的限制通常是强大于主观努力的。只有极少数人的主观努力，最终突破了客观的限制，达到了理想的实现，这便使人对"主观努力"往往崇拜起来，以为只要进行了百折不挠的努力，客观的限制总有一天将被"突破"。其实不然。

所以我认为，有理想是一种正确的生活态度，放弃理想也是一种生活态度。有时，后一种态度，作为一种活着的艺术，是更明智的。有理想有追求是一种积极主动的活法，不被某一不切实际的理想或追求所折磨，调整选择的方位，更是积极主动的活法。

一种活法，只要是最适合自己的，便是最好的、最美的。当然，这活法，首先该是正常的、正派的活法。如果人觉得，盗贼或骗子的活法，才最适合自己的话，那我们就无法与之沟通了。

曾有一位大学生，来信倾诉自己对文学的虔诚，以及想成为作家的愿望，并且因为自己是学工的，便感到自己是世界上最不幸的人了。

我回信向他指出——首先他是不实事求是的。因为考入一所名牌大学，与同龄青年相比，已经使他成为最幸运的人了。其次，是大学生，那么学习，目前对他是最适合的。学习生活，目前对他是最好的、最美的生活。即使他最终还是要专执一念当作家，目前的学习生活，对他日后当作家，也是有益的积累。而且作家是各式各样的——无职无业的"个体作家"；有职有业的半专业作家；比如我这样的作家，以创作为唯一职业的专业作家。

随着社会结构的变化，拿工资的专业作家会少起来。不拿工资的"个体作家"和有职有业的半专业作家会多起来。他究竟要当哪一种作家呢？马上就当不拿工资的"个体作家"？生活准备不足，靠稿费养得了自己吗？连我自己目前也不能，所以我为他担忧。我劝他目前要安心学习，先按捺下当作家的迫切愿望，将来大学毕业了，从业余作家当起，继而半专业，继而专业，如果他确有当作家的潜质的话……

可是他根本听不进我的劝告。他举例说巴尔扎克就是根本不理睬父母希望他成为律师的预想，终于成大作家的。他那么固执，我对他的固执无奈。结果他学习成绩下降，一篇篇稚嫩的"作品"也发表不出来，连续补考又不及格，不得不离开了大学校园。

他在北京流落了一个时期，写作方面一事无成，在我的资助下回老家去了。

现在他精神失常了。

这多可悲呢。

北京电影制片厂曾有过一百六十位演员。设想，一旦成为演员，谁不想成大明星呢？但这受着个人条件的局限，受着种种机遇的摆布，致使有些人，空怀着明星梦，甚至十几年内，没上过什么影片。

其中一些明智的人，醒悟较快，便改行去当剪辑、录音，或其他方面的工作。有些是我的朋友。他们在人到中年这个关键时刻，毅然摆脱过去曾怀抱过那引起不切实际的理想的纠缠，重新选择最适合自己的活法，活得自然也活得好了。

著名女作家铁凝也有过和我类似的与青年的接触。

一位四川乡村女青年不远万里寻找到她，希望在她的指导之下早日成为作家。须知一位作家培养另一个人成为作家这种事，古今中外实在不多。一个人能不能成为作家，关键恐怕不在培养，而在自身潜质。

铁凝是很善良、很真挚、很会做思想工作的。铁凝询问了她的情况之后，友好地向她指出——对于她，第一是职业问题，因为有了职业就有了工资，有了工资就有了衣食住行的起码保障。曹雪芹把高粱米粥冻成坨，切成块，饿了吃一块，孜孜不倦写《红楼梦》，那对于他实在是无奈的下策，不是非如此便不能写出《红楼梦》。十年辛苦一部书。如果那十年的情况好些，他的身体也便会好些，也许在完成《红楼梦》之后，还能完成另一部名著。对于今天的青年，没有效仿的意义和必要。

今天的青年，如果有可能找到一份工作，取得衣食住行的起码保障，为什么不呢？当然，你要一心想在什么中外合资的大公司当上一位公关小姐，每月拿着高于旁人的工资，是另一回事了。须知如今大学生、研究生找到完全合乎自己愿望的工作都很难,你凭什么指望生活格外地垂青于你呢?

那女青年悟性很好,听从了铁凝的劝告,回到家乡去了,在一个小县城找到了一份最普通的工作。以后她常把她的习作寄给铁凝,铁凝也很认真地予以指导。终于她的文章开始在地区的小报刊上陆续刊登了,当然都是些小文章。她终于在自己生活的那个地方,渐渐引起了人们的注意。后来因这"一技之长",她被调到了县里计划生育办公室搞宣传。后来她寻找到了一个好丈夫,组成了一个温暖的小家庭,有了一个可爱的孩子,生活得挺幸福。她在她生活的那个地方,寻找到了最适合她的"坐标",对她来说,那是最好的生活,也是最美的,起码目前是这样。至于以后她是否会成为作家,那就非铁凝能帮得了的了。

有些青年谈论理想的时候,往往忽略了现实和理想之间的时空距离。或者虽然承认有距离,但却认为只要时来运转,一步便能跨越。其实有些距离,是终生不能跨过的。嗓子天生五音不全而要成为歌星,身材不美而要成为芭蕾舞演员,没有表演才能而迷恋影视生涯,凡此种种,年轻时想一想是可爱的,倘若当作人生理想、人生目标去耿耿追求,又何苦呢?倘一位中国的乡村女孩的理想是有朝一日做西方某国的王妃,并且发誓不达目的不罢休,这"理想"本身岂不是就怪令人害怕吗?正如哪一位中国的作家如若患了"诺贝尔情绪",发誓不获诺贝尔文学奖便如何如何,也是要不得的。

一切生活都是生活,无论主观选择的还是客观安排的,只要不是穷困的、悲惨的、不幸接踵不幸的,便是正常的生活,也都是值得好好生活的。须知任何一种生活都是有正面和负面的。

帝王的权威不是农夫所能企盼得到的,但农夫却不必担心被杀身篡位。一切名流的生活之负面的付出,都是和他们所获得的正面成比例的。人往高处走,水往低处流,一人改变自己的命运的想法永远是天经地义无可指责的,但首先应是从最实际处开始改变。

荀子说过一句话:"自知者不怨人,知命者不怨天。"字面看来有点儿听天由命的样子,其实强调的是一种乐观的生活态度。没有乐观的生活态度,哪还谈得上什么积极进取呢?不必在二十多岁的时候,便给自己的一生设计好什么"蓝图"。在以后的几十年中,机遇可能随时会向你招手,只要你是有所准备的。

社会越向前发展,人的机遇将会越多而不会越少。三十岁至四十岁得到的,绝不会是你最后得到的,失去它的机会像得到它一样偶然。同样,三十岁至四十岁未得到的,并不意味着你一生不能实现。

你的一生也许将几次经历得到、失去、再得到、再失去，有时你的人生轨迹竟被完全彻底地改变，迫使你一切从头开始。谁准备的方面多，谁应变的能力强，谁就越能把握住一份儿属于自己的生活。

当代社会越向前发展，则越将任何一种事业与人的关系，变成不离不即、离离即即、偶尔合一、偶尔互弃的关系……

# 狡猾是一种冒险

从前,在印度,有些穷苦的人为了挣点儿钱,不得不冒险去猎蟒。

那是一种巨大的蟒,一种以潮湿的岩洞为穴的蟒,背有黄褐色的斑纹,腹白色,喜吞尸体,尤喜吞人的尸体。于是被某些部族的印度人视为神明,认定它们是受更高级的神明的派遣,承担着消化掉人的尸体之使命。故人死了,往往抬到有蟒占据的岩洞口去,祈祷尽快被蟒吞掉。为使蟒吞起来更容易,且要在尸体上涂了油膏。油膏散发出特别的香味儿,蟒一闻到,就爬出洞了……

为生活所迫的穷苦人呢,企图猎到这一种巨大的蟒,就佯装成一具尸体,往自己身上遍涂油膏,潜往蟒的洞穴,直挺挺地躺在洞口。当然,赤身裸体,一丝不挂。最重要的一点是一脚朝向洞口。蟒就在洞中从人的双脚开始吞。人渐渐被吞入,蟒躯也就渐渐从洞中蜓出了。如果不懂得这一点，头朝向洞口，那么顷刻便没命了，猎蟒的企图也就成了痴心妄想了……

究竟因为蟒尤喜吞人的尸体，才被人迷信地图腾化了，还是因为蟒先被迷信地图腾化了，才养成了"吃白食"的习性，没谁解释得清楚。

我少年时曾读过一篇印度小说，详细地描绘了人猎蟒的过程。那人不是一个大人，而是一个十三岁的孩子。他和他的父亲相依为命。他的父亲患了重病，奄奄待毙，无钱医治，只要有钱医治，医生保证病是完全可以治好的。钱也不多，那少年家里却拿不起。于是那少年萌生了猎蟒的念头。他明白，只要能猎得一条蟒，卖了蟒皮，父亲就不致眼睁睁地死去了……

某天夜里，他就真的用行动去实现他的念头了。他在有蟒出没的山下脱光衣服，往自己身上涂遍了那一种油膏。他涂得非常之仔细，连一个脚趾都没忽略。一个少年如果一心要干成一件非干成不可的大事，那时他的认真态度往往超过了大人们。当年我读到此处，内心里既为那少年的勇敢所震撼，又替他感到极大的恐惧。我觉得世界上顶残酷的事情，莫过于生活逼迫着一个孩子去冒死的危险了。这一种冒险的义务性，绝非"视死如归"四个字所能包含的。"视死如归"，有时只要不怕死就足够了，有时甚至"但求一死"罢了。而猎蟒者的冒险，目的不在于死得无畏，而在于活得侥幸。活是最终目的。与活下来的重要性和难度相比，死倒显得非常简单不足论道了……

那少年手握一柄锋利的尖刀，趁夜仰躺在蟒的洞穴口。天亮之时，蟒发现了他，就从他并拢的双脚开始吞他。他屏住呼吸。不管蟒吞得快还是吞得慢，猎蟒者都必须屏住呼吸——蟒那时是极其敏感的，稍微明显的呼吸，蟒都会察觉到。通常它吞一个涂了油膏的大人，需要二十多分钟。猎蟒者在它将自己吞了一半的时候，也就是吞到自己腰际，猝不及防地坐起来——以瞬间的神速，一手掀起蟒的上腭，另一手将刀用全力横向一削，于是蟒的半个头，连同双眼，就会被削下来。自家的生死，完全取决于那一瞬间的速度和力度。削下来便远远地一抛，速度达到而力度稍欠，猎蟒者也休想活命了。蟒突然间受到强烈疼痛的强刺激，便会将已经吞下去的半截人体一下子呕出来。人就地一滚躲开，蟒失去了上腭连同双眼，想咬，咬不成；想缠，看不见。愤怒到极点，用身躯盲目地抽打岩石，最终力竭而亡。但是如果未能将蟒的上半个头削下，蟒眼仍能看到，那么它就会带着受骗上当的大愤怒，蹿过去将人缠住，直到将人缠死，与人同归于尽……

不幸就发生在那少年的身体快被蟒吞进了一半之际——有一只小蚂蚁钻入了少年的鼻孔，那是靠意志力所无法忍耐的。少年终于打了个喷嚏，结果可想而知……

237

数天后，少年的父亲也死了。尸体涂了油，也被赤裸裸地抬到那一个蟒洞口……

三十多年过去了，我却怎么也忘不了读过的这一篇小说。其他方面的读后感想，随着岁月渐渐地淡化了，如今只在头脑中留存下了一个固执的疑问——猎蟒的方式和经验，可以很多，人为什么偏偏要选择最最冒险的一种呢？将自己先置之死地而后生，这无疑是大智大勇的选择。但这一种"智"，是否也可以认为是一种狡猾呢？难道不是吗？蟒喜吞人尸，人便投其所好，从蟒决然料想不到的方面设计谋，将自身作为诱饵，送到蟒口边上，任由蟒先吞下一半，再猝不及防地"后发制人"，多么狡猾的一招！但是问题又来了——狡猾也真的可以算是一种"智"吗？勉强可以算之，却能算是什么"大智"吗？我一向以为，狡猾是狡猾，"智"是"智"，二者是有些区别的。诸葛亮以"空城计"而退压城大军，是谓"智"。曹操将徐庶的老母亲掳了去，当作"人质"，逼徐庶为自己效力，似乎就只能说是狡猾了吧！而且其狡其猾又是多么卑劣呢！

那么在人与兽的较量中，人为什么又偏偏要选择最最狡猾的方式去冒险呢？如果说从前的印度人猎蟒的方式还不足以证明这一点，那么非洲安可尔地区的猎人猎获野牛的方式，也是同样狡猾、同样冒险的。非洲安可尔地区的野牛身高体壮，狂暴异常，当地土人祖祖辈辈采用一种与众不同的方式猎杀之。他们利用的是野牛不践踏、不抵触人尸的习性。

为什么安可尔野牛不践踏、不抵触人尸，也是没谁能够解释得明白的。

猎手除了腰间围着树皮和臂上戴着臂环外，也几乎可以说是赤身裸体的。一张小弓、几支毒箭和拴在臂环上的小刀，是猎野牛的全副武装。他们总是单独行动，埋伏在野牛经常出没的草丛中。而单独行动则是为了避免瓜分。

当野牛成群结队来吃草时，埋伏着的猎手便暗暗物色自己的谋杀目标，然后小心翼翼地匍匐逼近。趁目标低头嚼草之际，早已瞄准它的猎手霍然站起放箭。随即又卧倒下去，动作之疾跟那离弦的箭一样。

箭在野牛粗壮的颈上颤动。庞然大物低哼一声，甩着脑袋，好像在驱赶讨厌的牛蝇。一会儿，它开始警觉地仰头凝视，那是怀疑附近埋伏着狡猾的敌人了。烦躁不安的几分钟过去后，野牛回望离远的牛群，想要去追赶伙伴们了。而正在这时，第二支箭又射中了它。野牛虽然目光敏锐，却未能发现潜伏在草丛中的敌人，但它听到了弓弦的声响。颈上的第二支箭使它加倍地狂躁，鼻子翘得高高的，朝弓弦响处急奔过去。它并不感到恐惧，只不过感到很愤怒。突然间它停了下来，因为它嗅到了可疑的气味儿。边闻，边向前搜索……

人被看到了！野牛低俯下头，挺着两支锐不可当的角，笔直地冲上前去，对那猎手来说，情况十分危险。如果他沉不住气，起身逃跑，那么他死定了！但他却躺在原地纹丝不动。野牛在猎手跟前不停地跺蹄，刨地，摇头晃脑，喷着粗重的鼻息，大瞪着因愤怒而充血的眼睛……最后它却并没攻击那具"人尸"，轻蔑地转身走开了……

但这只是一种"战术"而已——野牛的"战术"。这"战术"也许是从它的许多同类们的可悲下场本能地总结出来的。它又猛地掉转身躯，冲回到人跟前，围绕着人兜圈子，跺蹄，刨地，眼睛更加充血，瞪得更大，同时一阵阵喷着更加粗重的鼻息，鼻液直喷在人脸上。而那猎手确有非凡的镇定力，他居然能始终屏住呼吸，眼不眨，心不跳，仰躺在原地，与野牛眼对眼地彼此注视着，比真的死人还像死人。野牛一连杀了五番"回马枪"，仍对"死人"看不出任何破绽。于是野牛反倒认为自己太多疑了，决定停止对那"死人"的试探，放开四蹄飞奔着去追赶它的群体，而这一次次的疲于奔命，加速了箭镞上的毒性发作，使它在飞奔中四腿一软，轰然倒地。这体重一千多斤的庞然大物，就如此这般地送命在狡猾的小小的人手里了……

现代的动物学家们经过分析得出结论——动物们不但有习性，而且有种类性格。野牛是种类性格非常高傲的动物，用形容人的词比喻它们可以说是"刚愎自用"。进攻死了的东西，是违反它的种类性格的。人常常可以做违反自己性格的事，而动物却不能。动物的种类性格，决定了它们的行为模式，或曰"行为原则"也未尝不可。改变之，起码需要百代以上的过程。在它们的种类性格尚未改变前，它们是死也不会违反"行为原则"的。而人正是狡猾地利用了它们呆板的种类性格。现代的动物学家们认为，野牛之所以绝不践踏或抵触死尸，还因为它们的"心理卫生"习惯。它们极其厌恶死了的东西，视死了的东西为肮脏透顶的东西，唯恐那肮脏玷污了它们的蹄和角。只有在两种情况下才发挥武器的威力——发情期与同类争夺配偶的时候以及与狮子遭遇的时候。它的"回马枪"也可算作一种狡猾。但它再狡猾，也料想不到，狡猾的人为了谋杀它，宁肯佯装成它视为肮脏透顶的"死尸"……

比非洲土人猎取安可尔野牛更狡猾的，是吉尔伯特岛人猎捕大章鱼的方式。吉尔伯特岛是太平洋上的一个古岛，周围海域的章鱼之大，是足以令世人震惊的。它们的触角能轻而易举地弄翻一条载着人的小船。

猎捕大章鱼的吉尔伯特岛人，双双合作。一个充当"诱饵"，一个充当"杀手"。为了对"诱饵"表示应有的敬意，岛上的人们也称他们为"牺牲者"。

"牺牲者"先潜入水中，在有大章鱼出没的礁洞附近缓游，以引起潜伏的大章鱼的注意。然后突然转身，勇敢地直冲洞口，无畏地闯入大章鱼八条触角的打击范围。

充当"杀手"的人，埋伏在不远处，期待着进攻的机会。"诱饵"已被章鱼拖到洞口，大章鱼已用它那坚硬的角质喙贪婪地在"诱饵"的肉体上试探着，寻找一个最柔软的部位下口。

于是"杀手"迅速游过去，将伙伴和大章鱼一起拉离洞穴。大章鱼被激怒了，更凶狠地缠紧了"牺牲者"。而"牺牲者"也紧紧抱住大章鱼，防止它意识到危险抛弃自己溜掉。于是"杀手"飞快地擒住大章鱼的头，使劲儿把它向自己的脸扭过来，然后对准它的双眼之间——此处是章鱼的致命部位。套用一个武侠小说中常见的词可叫"死穴"——拼命啃咬起来。一口、两口、三口……不一会儿，张牙舞爪的大章鱼渐渐放松了吸盘，触角也像条条死蛇一样垂了下去，就这样一命呜呼了……

分析一下人类在猎捕和"谋杀"动物们时的狡猾，是颇有些意思的。首先，我们可以得出结论，狡猾往往是弱类被生存环境逼迫生出来的心计。我们的祖先，没有利牙和锐爪，连凭了自卫的角、蹄、较厚些的皮也没有，甚至连逃命之时足够快的速度都没有。在亘古的纪元，人这种动物，无疑是地球上最弱的动物之一种，不群居简直就没有办法活下去，于是被生存的环境、生存的本能逼生出了狡猾。狡猾成了人对付动物的特殊能力。其次，我们可以得出结论，人将狡猾的能力用以对付自己的同类，显然是在人比一切动物都强大了之后。当一切动物都不再可以严重地威胁人类生存的时候，一部分人类便直接构成了另一部分人类的敌人。主要矛盾缓解了，消弭了；次要矛盾上升了，转化了。比如分配的矛盾，占有的矛盾，划分势力范围的矛盾。因为人最了解人，所以人对付人比人对付动物有难度多了。尤其是在一部分人对付另一部分人，成千上万的人对付成千上万的人的情况下。于是人类的狡猾就更狡猾了，于是心计变成了诡计。"卧底者"、特务、间谍，其角色很像吉尔伯特岛人猎捕大章鱼时的"牺牲者"。"置之死地而后生"这一军事上的战术，正可以用古印度人猎蟒时的冒险来生动形象地加以解说。那么，军事上的佯败，也就好比非洲土人猎杀安可尔野牛时装死的方法了。

归根结底，我以为狡猾并非智慧，恰如调侃不等于幽默。狡猾往往是冒险，是通过冒险达到目的之心计。大的狡猾是大的冒险，小的狡猾是小的冒险。比如"二战"时期日军偷袭珍珠港的军事行径，所冒之险便是彻底激怒一个强敌，使这一个强敌坚定了必予报复的军事意志。而后来美国投在广岛和长崎的两颗原子弹，对日本军国主义来说，无异于是自己的狡猾的代价。德国法西斯在"二战"

时对苏联不宣而战，也是一种军事上的狡猾。代价是使一个战胜过拿破仑所统率的侵略大军的民族，同仇敌忾，与国共存亡。柏林终于被攻陷，并且在几十年内一分为二，是德意志民族为希特勒这一个民族罪人付出的代价。

而智慧，乃是人类克服狡猾劣习的良方，是人类后天自我教育的成果。智慧是一种力求避免冒险的思想方法。它往往绕过狡猾的冒险的冲动，寻求更佳的达到目的之途径。狡猾的行径，最易激起人类之间的仇恨，因而是卑劣的行径。智慧则缓解、消弭和转化人类之间的矛盾与仇恨。也可以说，智慧是针对狡猾而言的。至于诸葛亮的"空城计"，尽管是冒险得不能再冒险的选择，但那几乎等于是唯一的选择，没有选择之情况下的选择。并且，目的在于防卫，不在于进攻，所以没有卑劣性，恰恰体现出了智慧的魅力。

一个人过于狡猾，在人际关系中，同样是一种冒险。其代价是，倘被公认为一个狡猾的人了，那么也就等于被公认为是一个卑劣的人一样了。谁要是被公认为是一个卑劣的人了，几乎一辈子都难以扭转人们对他或她的普遍看法。而且，只怕是没谁再愿与之交往了。这对一个人来说，可是多么大的一种冒险、多么大的一种代价啊！

一个人过于狡猾，就怎么样也不能称其为一个可爱可敬之人了。对于处在同一人文环境中的人，将注定了是危险的。对于有他或她存在的那一人文环境，将注定了是有害的。因为狡猾是一种无形的武器。因其无形，拥有这一武器的人，总是会为了达到这样或那样的目的，一而再，再而三地使用之，直到为自己的狡猾付出惨重的代价。但那时，他人，周边的人文环境，也就同样被伤害得很严重了。

一个人过于狡猾，无论他或她多么有学识，受过多么高的教育，身上总难免留有土著人的痕迹。也就是我们的祖先们未开化时的那些行为痕迹。现代人类即使对付动物们，也大抵不采取我们祖先们那种种又狡猾又冒险的古老方式方法了。狡猾实在是人类性格的退化，使人类降低到仅仅比动物的智商高级一点点的阶段。比如吉尔伯特岛人用啃咬的方式猎杀章鱼，谁能说不狡猾得带有了动物性呢？

人啊，为了我们自己不承担狡猾的后果，不为过分的狡猾付出代价，还是不要冒狡猾这一种险吧。试着做一个不那么狡猾的人，也许会感到活得并不差劲儿。

当然，若能做一个智慧之人，常以智慧之人的眼光看待生活，看待他人，看待名利纷争，看待人际摩擦，则就更值得学习了。

## 关于欲望

人生伊始，原本是没有什么欲望的。饿了，渴了，冷了，热了，不舒服了，啼哭而已乃都是本能，啼哭类似信号反应。人之初，宛如一台仿生设备——肉身是外壳，五脏六腑是内装置，大脑神经是电路系统；而且连高级"产品"都算不上的。

到了两三岁时，人开始有欲望了。此时人的欲望，还是和本能关系密切。因为此时的人，大抵已经断奶。既断奶，在吃喝方面，便尝到过别种滋味了。对口感好的饮食，有再吃到、多吃到的欲望了。若父母说，宝贝儿，坐那儿别动，给你照相呢，照完相给你巧克力豆豆吃，或给你喝一瓶"娃哈哈"……那么两三岁的小人儿便会乖乖地坐着不动。他或她，对照不照相没兴趣，但对巧克力豆豆或"娃哈哈"有美好印象。那美好印象被唤起了，也就是欲望受到撩拨，对他或她发生意识作用了。

在从前的年代，普通百姓人家的小小孩儿能吃到、能喝到的好东西实在是太少了。偶尔吃到一次、喝到一次，印象必定深刻极了。所以倘有非是父母的大人，出于占便宜的心理，手拿一块糖或一颗果子对他说："叫爸，叫爸给你吃！"他四下瞅，见他的爸并不在旁边，或虽在旁边，并没有特别反对的表示，往往是会叫的。

小小的他知道叫别的男人"爸"是不对的，甚至会感到羞耻。那是人的最初的羞耻感，很脆弱的。正因为太脆弱了，遭遇太强的欲望的撩拨，通常总是很容易瓦解的。此时的人跟动物没有什么大的区别。人要和动物有些区别了，仅仅长大了还不算，更需看够得上是一个人的那种羞耻感形成得如何了。

能够靠羞耻感抵御一下欲望的诱惑力，这时的人才能说和动物有了第一种区别。而这第一种区别，乃是人和动物之间的主要的一种区别。

这时的人，已五六岁了。五六岁了的人仍是小孩儿，但因为他小小的心灵之中有羞耻感形成着了，那么他开始是一个人了。

倘一个与他没有任何亲爱关系可言的男人如前那样，手拿一块糖或一颗果子对他说："叫爸，叫爸给你吃！"那个男人是不太会得逞的。倘这五六岁的孩子的爸爸已经死了，或虽没死，活得却不体面，比如在服刑吧——那么孩子会对那个男人心生憎恨的。

五六岁的他,倘非生性愚钝,心灵之中则不但有羞耻感形成着,还有尊严形成着了。对于人性、羞耻感和尊严,好比左心室和右心室,彼此联通。刺激这个,那个会有反应;刺激那个,这个会有反应。只不过从左至右或从右至左,流淌的不是血液,而是人性感想。

撩拨五六岁小孩儿的欲望是罪过的事情。在从前的年代,无论城市里还是农村里,类似的痞劣男人和痞劣现象,一向不少。表面看是想占孩子的便宜,其实是为了在心理上占孩子的母亲一点儿便宜,目的若达到了,便觉得类似意淫的满足……

据说,即使现在的农村,那等痞劣现象也不多了,实可喜也。

五六岁的孩子,欲望渐多起来。他内心有了一个盛器,欲望的盛器。欲望说白了就是"想要",而"想要"是因为看到别人有。对于孩子,是因为看到别的孩子有。一件新衣,一双新鞋,一种新玩具,甚或仅仅是别的孩子养的一只小猫、小狗、小鸟,自己没有,那想要的欲望,都将使孩子梦寐以求,备受折磨。

记得我上小学的前一年,母亲带着我去一位副区长家里,请求对方在一份什么补助登记表上签字。那位副区长家住的是一幢漂亮的俄式房子,独门独院,院里开着各种各样赏心悦目的花儿；屋里，墙上悬挂着俄罗斯风景和人物油画，这儿那儿还摆着令我大开眼界的俄国工艺品。原来有人的家院可以那么美好，我羡慕极了。然而那只不过是起初的一种羡慕，我的心随之被更大的羡慕涨满了，因为我又发现了一只大猫和几只小猫——它们共同卧在壁炉前的一块地毯上。大猫在舔一只小猫的脸，另外几只小猫在嬉闹，亲情融融……

回家的路上，母亲心情变好，那位副区长终于在登记表上签字了。我却低垂着头，无精打采，情绪糟透了。

母亲问我怎么了。

我鼓起勇气说："妈，我也想养一只小猫。"

母亲理解地说："行啊，过几天妈为你要一只。"

母亲的话像一只拿着湿抹布的手，将我头脑中那块"印象黑板"擦了个遍。漂亮的俄式房子、开满鲜花的院子、俄国油画以及令我大开眼界的工艺品全被擦光了，似乎是我的眼根本就不曾见过的了。而那些猫的印象，却反而越擦越清楚了似的……

不久，母亲兑现了她的诺言。

而自从我也养着一只小猫了，我们破败的家，对于学龄前的我，也是一个充满快乐的家了。

欲望对于每一个人，皆是另一个"自我"，第二"自我"。它也是有年龄的，比我们晚生了几年而已。如同我们的弟弟妹妹。如果说人和弟弟妹妹的良好关系是亲密，那么人和欲望的关系则是紧密。良好也紧密，不良好也紧密，总之是紧密。人成长着，人的欲望也成长着。人只有认清了它，才算认清了自己。常言道："知人知面难知心。"知人何难？其实，难就难在人心里的某些欲望有时是被人压抑住的，处于长期的潜伏状态。除了自己，别人不太容易察觉。欲望也是有年龄阶段的，那么当然也分儿童期、少年期、青年期、中年期、老年期和生命末期。

儿童期的欲望，像儿童一样，大抵表现出小小孩儿的孩子气。在对人特别重要的东西和使人特别喜欢的东西之间，往往更青睐于后者。

当欲望进入少年期，情形反过来了。

伊朗电影《小鞋子》比较能说明这一点：全校赛跑第一名，此种荣耀无疑是每一个少年都喜欢的。作为第一名的奖励，一次免费旅游，当然更是每一个少年喜欢的。但，如果丢了鞋子的妹妹不能再获得一双鞋子，就不能一如既往地上学了。作为哥哥的小主人公，当然更在乎妹妹的上学问题。所以他获得了赛跑第一名后，反而伤心地哭了。因为获得第二名的学生，那奖品才是一双小鞋子……

明明是自己最喜欢的，却不是自己竭尽全力想要获得的；自己竭尽全力想要获得的，却并不是为了自己拥有……欲望还是那种强烈的欲望，但"想要"本身发生了嬗变。人在五六岁小小孩儿时经常表现出的一门心思的我"想要",变成了表现在一个少年身上的一门心思的我为妹妹"想要"。于是亲情责任介入到欲望中了。亲情责任是人生关于责任感的初省。人其后的一切责任感,由而发散和升华。发散遂使人生负重累累,升华遂成手足情怀。有一个和欲望相关的词是"知慕少哀"。一种解释是,引起羡慕的事多多,反而很少有哀愁的时候。另一种解释是,因为"知慕"了,所以虽为少年,心境每每生出哀来了。我比较同意另一种解释,觉得更符合逻辑。比如《小鞋子》中的那少年,他看到别的女孩子脚上有鞋穿,哪怕是一双普普通通的旧鞋子,那也肯定会和自己的妹妹一样羡慕得不得了。假如妹妹连做梦都梦到自己终于又有了一双鞋子可穿,那么同样的梦他很可能也做过的。一双鞋子,无论对于妹妹还是对于他,都是得到实属不易之事,他怎么会反而少哀呢?

我这一代人中的大多数,在少年时都曾盼着快快成为青年。

这和当今少男少女们不愿长大的心理,明明是青年了还自谓"我们男孩""我们女孩"是截然不同的。

以我那一代人而言,绝大多数自幼家境贫寒,是青年了就意味着是大人了。是大人了,总会多几分解决现实问题的能力了吧?对于还是少年的我们那一代人,所谓"现实问题"，便是欲望困扰，欲望折磨。部分因自己"想要"，部分因亲人"想要"。合在一起，其实体现为家庭生活之需要。

所以中国民间有句话是——穷人的孩子早当家。早当家的前提是早"历事"，早"历事"的意思无非就是被要求摆正个人欲望和家庭责任的关系。

这样的一个少年，当他成为青年的时候，在家庭责任和个人欲望之间，便注定了每每地顾此失彼。

就比如求学这件事吧，哪一个青年不懂得要成才，普遍来说就得考大学这一道理呢？但我这一代中，有为数不少的人当年明明有把握考上大学，最终却自行扼死了上大学的念头。不是想上大学的欲望不够强烈，而是因为是长兄，是长姐，不能不替父母供学的实际能力考虑，不能不替弟弟妹妹考虑他们还能否上得起学的问题……

当今的采煤工，十之八九来自农村，多为青年。倘问他们每个人的欲望是什么，回答肯定相当一致——多挣点儿钱。

如果他们像孙悟空似的是从石头缝里蹦出来的，除了对自己负责，不必再对任何人怀揣责任，那么他们中的大多数也许就不当采煤工了。干什么还不能光明正大地挣份工资自给自足呢？为了多挣几百元钱而终日冒生命危险，并不特别划算啊！但对家庭的责任已成了他们的欲望。

他们中有人预先立下遗嘱——倘若自己哪一天不幸死在井下了，生命补偿费多少留给父母做养老钱，多少留给弟弟妹妹做学费，多少留给自己所爱的姑娘，一笔笔划分得一清二楚。

据某报的一份调查统计显示——当今的采煤工，尤其黑煤窑雇用的采煤工，独生子是很少的，已婚做了丈夫和父亲的也不太多。更多的人是农村人家的长子，父母年迈，身下有是少男少女的弟弟妹妹……

责任和欲望重叠了，互相渗透了，混合了，责任改变了欲望的性质，欲望使责任也某种程度地欲望化了，使责任仿佛便是欲望本身了。这样的欲望现象，这样的青年男女，既在古今中外的人世间比比皆是，便也在古今中外的文学作品中屡屡出现。

比如老舍的著名小说《月牙儿》中的"我"，一名20世纪40年代的女中学生。"我"出身于一般市民家庭，父母供"我"上中学是较为吃力的。父亲去世后，"我"无意间发现，原来自己仍能继续上学，竟完全是靠母亲做私娼。母亲还有什么人生欲望吗？有的。那便是——无论如何也要供女儿上完中学。母亲于绝望中的希望是——只要女儿中学毕业了，就不愁找不到一份好工作、嫁不了一位好男人。而只要女儿好了，自己的人生当然也就获得了拯救。说到底，她那时的人生欲望，只不过是再过回从前的小市民生活。她个人的人生欲望，和她一定要供女儿上完中学的责任，已经紧密得根本无法分开。正所谓"皮之不存，毛将附焉"。而作为女儿的"我"，她的人生欲望又是什么呢？眼见某些早于她毕业的女中学生不惜做形形色色有脸面、有身份的男人们的姨太太或"外室"，她起初是并不羡慕的，认为是不可取的选择。她的人生欲望，也只不过是有朝一日过上比父母曾经给予她的那种小市民生活稍好一点儿的生活罢了。但她怎忍明知母亲在卖身而无动于衷呢？于是她退学了，工作了，打算首先在生存问题上拯救母亲和自己，然后再一步步实现自己的人生欲望。这时"我"的人生欲望遭到了生存问题的压迫，与生存问题重叠了，互相渗透了，混合了。对自己和对母亲的首要责任，改变了她心中欲望的性质，使那一种责任欲望化了，仿佛便是欲望本身了。人生在世，生存一旦成了问题，哪里还谈得上什么其他的欲望呢？"我"是那么令人同情，因为最终连她自己也成了妓女……

如果某些人的欲望原本是寻常的，是上帝从天上看着完全同意的，而人在人世间却至死都难以实现它，那么证明人世间出了问题。这一种人世间问题，即我们常说的"社会问题"。"社会问题"竟将连上帝都同意的某部分人那一种寻常的欲望锤得粉碎，这是上帝所根本不能同意的——倘若有上帝的话。

从这个意义上说，人类和宗教的关系，其实也是和普世公理的关系。

倘政治家们明知以上悲剧，而居然不难过，不作为，不竭力扭转和改变状况，那么就不配被视为政治家，当他们是政客也还高看了他们……

但欲望将人推上断头台的事，并不一概是由所谓"社会问题"而导致，司汤达笔下的于连的命运说明了此点。于连的父亲是市郊小木材厂的老板，父子相互厌烦。他有一个哥哥，兄弟关系冷漠。这一家人过的是比富人差很多却又比穷人强很多的生活。于连却极不甘心一辈子过那么一种生活，尽管那一种生活肯定是《月牙儿》中的"我"所盼望的。于连一心要成为上层人士，从而过"高尚"的生活。不论在英国还是法国，不论在从前还是现在，总而言之，在任何时候，在任何一个国家，那一种生活一直属于少数人。相对于那一种"高尚"的生活，许许多多世人的生活未免太平常了。而平常，在于连看来等于平庸。如果某人有能力成为上层人士，上帝并不反对他拒绝平常生活的志向。但由普通而"上层"，对任何普通人都是不容易的。只有极少数人顺利爬了上去，大多数人到头来发现，那对自己只不过是一场梦。

于连幻想通过女人实现那一场梦。他目标坚定，专执一念。正如某些女人幻想通过嫁给一个有权有势的男人改变生为普通人的人生轨迹。

于连梦醒之时，已在牢狱之中。爱他的侯爵的女儿玛特尔替他四处奔走，他本是可以免上断头台的。毫无疑问，若以今天的法律来对他的罪过量刑，判他死刑肯定是判重了。

表示悔过可以免于一死。

于连拒绝悔过。

因为即使悔过了，他以后成为"上层人士"的可能也等于零了。

既然在他人生目标的边上，命运又一巴掌将他扇回到普通人的人生中去了，而且还成了一个有犯罪记录的普通人，那么他宁肯死。

结果，断头台也就斩下了他那一颗令不少女人芳心大动的头……

《红与黑》这一部书，在中国，在从前，一直被视为一部思想"进步"的小说，认为是所谓"批判现实主义"的。但这分明是误读，或者也可以说是意识形态所故意左右的一种评论。

当时的法国社会自然有很多应该进行批判的弊病，但于连的悲剧却主要是由于没能处理好自己和自己的强烈欲望的关系。事实上，比之于大多数普通青年，他幸运百倍。他有一份稳定的工作和一份稳定的收入，他的雇主们也都对他还算不错。不论市长夫人还是拉莫尔侯爵，都曾利用他们在上层社会的影响力栽培过他……

《红与黑》中有些微的政治色彩，然司汤达所要用笔揭示的显然不是革命的理由，而是一个青年的正常愿望怎样成为唯此为大的强烈欲望，又怎样成为迫待实现的野心的过程……

革命不可能使一切人都由而理所当然地成为"上层人士"，所以于连的悲剧不具有典型的社会问题的性质。

对于我们每一个人，愿望是这样一件事——它存在于我们心中，我们为它脚踏实地来生活，具有耐心地接近它。而即使没有实现，我们还可以放弃，将努力的方向转向较容易实现的别种愿望……

而欲望却是这样一件事——它以愿望的面目出现，却比愿望脱离实际得多；它暗示人它是最符合人性的，却一向只符合人性最势利的那一部分；它怂恿人可以为它不顾一切，却将不顾一切可能导致的严重人生后果加以蒙蔽。它像人给牛拴上鼻环一样，也给人拴上看不见的鼻环，之后它自己的力量便强大起来，使人几乎只有被牵着走。而人一旦被它牵着走了，反而会觉得那是活着的唯一意义。一旦想摆脱它的控制，却又感到痛苦，使人心受伤，就像牛为了行动自由，只得忍痛弄豁鼻子……

以我的眼看现在的中国，绝大多数的青年男女，尤其是受过高等教育的青年男女,他们所追求的,说到底其实仍属于普通人的人生目标,无非一份稳定的工作、两居室甚或一居室的住房而已。但因为北京是首都,是知识者从业密集的大都市,是寸土寸金房价最贵的大都市,于是使他们的愿望显出了欲望的特征。又于是看起来,他们仿佛都是在以于连那么一种实现欲望的心理,不顾一切地实现他们的愿望。

这样的一些青年男女和北京这样一个是首都的大都市,互为构成中国的一种"社会问题"。

但北京作为中国首都,它是没有所谓退路的,有退路可言的只是青年们一方。也许,他们若肯退一步,另一片天地会向他们提供另一些人生机遇。但大多数的他们,是不打算退的。所以这一种"社会问题",也是一代青年的某种心理问题。

司汤达未尝不是希望通过《红与黑》来告诫青年应理性对待人生。但是在中国,半个多世纪以来,于连却一直成为野心勃勃的青年们的偶像。

文学作品的意义走向反面,这乃是文学作品经常遭遇的尴尬。

当人到了中年,欲望开始裹上种种伪装。因为中年了的人们,不但多少都有了一些与自己的欲望相伴的教训和经验,而且还多少都有了些看透别人欲望的能力。既然知彼，于是克己，不愿自己的欲望也被别人看透。因而较之于青年，中年人对待欲望的态度往往理性得多。绝大部分的中年人，由于已经为人父母，对儿女的那一份责任，使他们不可能再像青年们一样不顾一切地听凭欲望的驱使。即使他们内心里仍有某些欲望十分强烈地存在着，那他们也不会轻举妄动，结果比青年压抑，比青年郁闷。而欲望是这样一种"东西"，长久地压抑它，它就变得若有若无了，它潜伏在人心里了。继续压抑它，它可能真的就死了。欲望死在心里，对于中年人，不甘心地想一想似乎是悲哀的事，往开了想一想却也未尝不是幸事。"平平淡淡才是真"这一句话，意思其实就是指少一点儿欲望冲动，多一点儿理性考虑而已。

但是，也另有不少中年人，由于身处势利场，欲望仍像青年人一样强烈。因为在势利场上，刺激欲望的因素太多了。诱惑近在咫尺，不由人不想入非非。而中年人一旦被强烈的欲望所左右，为了达到目的，每每更为寡廉鲜耻。这方面的例子，我觉得倒不必再从文学作品中去寻找了。仅以20世纪70年代的中国而论，权争动魄，忽而一些人身败名裂，忽而一些人鸡犬升天，今天这伙人革那伙人的命，明天那伙人革这伙人的命，说穿了尽是个人野心和欲望的搏斗。为了实现野心和欲望，把个人世间弄得几乎时刻充满了背叛、出卖、攻击、陷害、落井下石、尔虞我诈……

"文革"结束,当时的佛教协会会长赵朴初曾发表过一首歌,有两句是这样的:

> 君不见小小小小的"老百姓",却竟是大大大大的野心家;
> 夜里演戏叫作"旦",叫作"净",都是满脸大黑花……

其所勾勒出的也是中国特色的欲望的浮世绘。

绝大多数青年因是青年,一般爬不到那么高处的欲望场上去。侥幸爬将上去了,不如中年人那么善于掩饰欲望,也会成为被利用的对象。青年容易被利用,十之七八由于欲望被控制了。而凡被利用的人,下场大抵可悲。

若以为欲望从来只在男人心里作祟,大错特错也。

女人的心如果彻底被欲望占领,所作所为或比男人更不理性,甚而更凶残。最典型的例子是《圣经故事》中的莎乐美。莎乐美是希律王和他的弟妻所生的女儿,备受希律王宠爱。不管她有什么愿望,希律王都尽量满足她,而且一向能够满足她。这样受宠的一位公主,她就分不清什么是自己的愿望,什么是自己的欲望了。对于她,欲望即愿望。而她的一切愿望,别人都是不能说不的。她爱上了先知约翰，约翰却一点儿也不喜欢她。正所谓落花有意，流水无情。依她想来，"世上溜溜的男子，任我溜溜地求"。爱上了哪一个男子，是哪一个男子的造化。约翰对她的冷漠，激起了她对他的报复心理——欲望变值了。机会终于来临，在希律王生日那天，她为父王舞蹈助娱。希律王一高兴，又要奖赏她，问她想要什么。她异常平静地说："我要仆人把约翰的头放在盘子上，端给我。"希律王明知这一次她的"愿望"太离谱了，却为了不扫她的兴，把约翰杀了。莎乐美接过盘子，欣赏着约翰那颗曾令她芳心倾倒的头，又说："现在我终于可以吻到你高傲的双唇了。"

愿望是以不危害别人为前提的心念。

欲望则是以占有为目的的一种心念。当它强烈到极点时，为要吸一支烟，或吻一下别人的唇，斩下别人的头也在所不惜。

莎乐美不懂二者的区别，或虽懂，认为其实没什么两样。当然，因为她的不择手段，希律王和她自己都受到了惩罚……

虽然我是男人，但我宁愿承认——事实上，就天性而言，大多数女人较之大多数男人，对人生毕竟是容易满足的；在大多数时候，大多数情况下，也毕竟是容易心软起来的。

势力欲望也罢，报复欲望也罢，物质占有欲望也罢，情欲、性欲也罢，一旦在男人心里作祟，结成块垒，其狰狞尤其可怖。

人老矣，欲衰也。人不是常青树，欲望也非永动机，这是由生命规律所决定的，没谁能跳脱其外。

一位老人，倘还心存些欲望的话，那些欲望差不多又是儿童式的了，还有小孩子那种欲望的无邪色彩。

故孔子说："七十而从心所欲，不逾矩。"意思是还有什么欲望念头，那就由着自己的性子去实现吧，大可不必再压抑着了，只不过别太出格。对于老人们，孔子这一种观点特别人性化。孔子说此话时，自己也老了，表明做了一辈子人生导师的他，对自己是懂得体恤的。

"老夫聊发少年狂"，便是老人的一种欲望宣泄。

但也确有些老人，头发都白了，腿脚都不方便了，思维都迟钝了，还是觊觎势利，还是沽名钓誉，对美色的兴趣还是不减当年。所谓"为老不尊"，其实是病，心理方面的。仍恋权柄，由于想象自己还有能力摆布时局，控制云舒云卷；仍好美色，由于恐惧来日无多，企图及时行乐，弥补从前的人生损失。两相比较，仍好美色正常于仍恋权柄，因为更符合人性。

"虎视眈眈，其欲逐逐"，这样的老人，依然可怕，亦可怜。

人之将死，心中便仅存一欲了——不死，活下去。

人咽气了，欲望戛然终结，化为乌有。

西方的悲观主义人生哲学，说来道去，归根结底就是一句话——欲望令人痛苦；禁欲亦苦；无欲，则人非人。

那么积极一点儿的人生态度，恐怕也只能是这样——伴欲而行，不受其累；"己所不欲，勿施于人"。从年轻的时候起，就争取做一个三分欲望、七分理性的人。

"三七开"并不意味着强调理性，轻蔑欲望，乃因欲望较之于理性，更有力量。好比打仗，七个理性兵团对付三个欲望兵团，差不多能打平手。人生在这种情况下，才较安稳……

# 关于不幸、不幸福与幸福

希腊神话中有所谓"美惠三女神",她们妩媚、优雅、美丽,乃三姐妹,都是宙斯的女儿。一位是欧佛洛绪涅,意为欢乐;另一位是塔利亚,意为花朵;还有一位是阿格莱亚,意为灿烂。她们喜爱诗歌、音乐和舞蹈。一言以蔽之,人类头脑中的文艺灵感,得益于她们的暗示、启发和引领,故她们也往往被称为"美惠三女神"。除了她们,希腊神话中还有所谓"复仇三女神""梦境三女神",也都是"三姐妹"。而在美术创作中,有所谓"三原色"之说,即红、黄、蓝。

我想这么比喻——不幸、不幸福与幸福,也如同我们大多数人之人生的"三原色",也如同我们大多数人之人生每将面对的"三女神"。她们同时出现在我们人生某阶段的情况极少,但其中两姐妹接踵而至甚至携手降临的现象却屡屡发生,于是有"否极泰来""乐极生悲"一类的词。比如，苏三的人生可谓是否极泰来之一例，范进的人生可谓是乐极生悲之一例。

我将不幸、不幸福、幸福比作我们大多数人之人生的"三原色"，并非指以上三种人生状况与红、黄、蓝三种颜色有什么直接关系，我的意思是——如同"三原色"可以调配出"七常色"及"十二本色"；不幸、不幸福、幸福三类人生状况，几乎是各种各样的人生的"底色"。世界非是固定不变的，人生更是如此。"底色"只不过是最初之色。

我认为构成人生不幸的原因主要有如下方面：

第一，严重残疾与严重疾病。

第二，贫困。

第三，受教育权利的丧失。

第四，由之而沦为社会弱势群体。

第五，又由之而身为父母丧失了抚育儿女的正常能力，身为儿女竟无法尽赡养父母的人伦责任……

也许还有其他方面，我们姑且举出以上几方面原因。

在以上原因中，有个人命运现象，比如先天失明、聋哑、智障、患白血病、癌等；也有自然生存环境和社会苦难造成的群体命运现象，比如血吸虫病、瘟疫、艾滋病、战争造成的伤残与疾病……

一个人的严重残疾与疾病，每每是一个家庭的不幸。

一个群体的不幸，当然也应视为一个民族、一个国家的不幸。个人的不幸命运既需要社会来予以关怀，也需要个人来进行抵抗。

海伦·凯勒、霍金、保尔、罗斯福，他们证明了人生底色确实是可以一定程度地改变的，有时甚至可以改变得比成千上万正常人的人生更有声有色。

但不论怎样，不幸是具有较客观性的人生状况。这世界上没有人因残疾和疾病反而有幸福感。而某些自认为很不幸的人之所以并不能引起普遍人的深切同情，乃因他们的不幸不具有较客观的标准。所以我们才未将失恋也列入不幸范畴，尽管许多失恋的少男少女往往痛不欲生，自认为是天下第一不幸，第一值得同情者。当然，于连是有几分值得同情的，因为他的失恋也反映了一种社会疾病，那就是社会所公开维护的等级制。

我们中国的当下主流传媒有一大弊端，那就是——讳言贫困、落后、苦难和不幸，却热衷于宣传和炒作所谓"时尚的生活方式"。似乎时尚的、时髦的，甚至摩登的生活方式，便是幸福的生活。而能过那种生活的人，在全世界任何一个国家都是少数。如此这般的文化背景，对新一代成长中的人，几乎意味着是一种文化暗示——即幸福的人生仅属于少数不普通的人；而普通人的人生是失败的，令人沮丧的，难有幸福可言的。

除了文化的这一种不是成心却等于成心的错误导向，我们国家13亿多人口的实际生活水平也是每使普通人感觉不幸福的原因。普通人这一概念在中国与在西方国家是不一样的。在中国，即使是在北京、上海等大城市，普通人及普通人家的生活水平其实也是非常脆弱的。往往是一人生病（这里指的是重病），全家愁苦，甚而倾家荡产。现在情况好了一些，公费医疗、医疗保险等社会福利保险制度有所加强，但仍处于初级阶段。粮食一涨价，人心就恐慌；猪肉一涨价，许多普通人家就奉行素食主义了；而目前的房价，使许多普通人家的"80后"一代拥有自己住房的愿望几成梦想……

这使新一代都市年轻人，看在眼里，心生大虑，唯恐自己百般努力，却仍像父母辈一样，摆脱不了普通人的命运。

如果将大学学子、研究生们与进城打工的农村儿女们相比较，结果是十分耐人寻味的——如果非是家境凄凉或不幸，只要有钱可挣，后者的日常快乐反倒还会多一些似的。

日常快乐的多少也往往取决于性格，不见得就是实际生活幸福程度的体现，好的性格能够大大削弱感觉人生不幸福的烦恼。

为什么那些农村儿女的日常快乐反而会多一些似的

呢？乃因较之于成为大学学子、研究生们的都市青年，农村儿女们对不幸见得较多，知得较多，接触得较多。而他们对所谓幸福的企求又是较低的，较实际的。还有一点也至关重要，那就是，他们的人生是有"根据地"的，是有万不得已的退路的，即他们来自农村。那里有他们的家园，有亲情和乡情，那里乃是没有什么生存竞争压力的所在。

而前者却不同，如果是城市青年，则他们没有什么"根据地"，退回到家里就等于是失业青年了。如果是农村青年，则从怀揣录取通知书踏上求学之路那一天起，就等于破釜沉舟地踏上一条不归路了。他们从小学到高中以毅忍之心孜孜苦学，正是为的这样一天。如果他们考入的还是北京、上海的大学，那么在他们的思想意识里，不但没有了什么退路，简直还没有什么别的路了。那种留在北京、上海的决心，如同从前的节妇烈女，一厢情愿地从一而终，一厢情愿地为自己的"北京之恋""上海之恋"而"守节"。这一种决心，是非常可以理解的。因为依常人看来，在北京、在上海，一个受过大学高等教育的人，终于成为不普通之人的可能性仿佛比别处多不少。即使到底还是没有不普通起来，但成了北京和上海这等大城市里的普通人，似乎那也还是要比别处的普通人不普通。这一种普通而又不普通的感觉追求，往往会成为一种"亚幸福"追求。但这一种决心有时候也是可怕的——因为对于人生，还是多几种生存、发展的选择好一些，还是有退路的状态好一些。我这里说的退路，当然不是指农村。大学生、研究生回到或去到农村当农民，是知识化了的人力资源的浪费。但除了北京和上海，中国另有许多城市，尤其是南方城市，其发展也是很快速的，对年轻人而言，人生机会也是较多的。

总而言之，我的意思是，不幸福的人生感觉人人都会常有，是生存竞争压力对人的心理造成的负面感觉，不同的人面临不同的生存竞争压力。但有时候，也与我们对人生的思想方法有关。如果能提前对人生多几种考虑、打算、选择，也许人生的回旋余地会大一些，压力会小一些，瞻望前途，会相对的乐观一些。那么，不幸福的感觉，自然会相对的少一些……

谈到幸福，有些人肯定会和我一样，联想到《安娜·卡列尼娜》开篇的那一句话——"幸福的家庭是相似的，不幸的家庭各有各的不幸"。是否也可以这样说呢？幸福的人是相似的，不幸的人各有各的不幸。

我个人认为，幸福的人一定是生活在幸福的家庭里。我至今还不曾认识过一个生活在不幸福的家庭里但自己感到很幸福的人。曾经生活在不幸福的家庭里，但后来另立门户，拥有了自己的小家庭以后，人生开始幸福了的人是有的。但前提是——他或她的小家庭，必是一个幸福的小家庭，或曰：幸福只不过是一种感觉。

此话对矣，但不够全面。确乎，幸福和不幸福一样，主要是一种心理感觉。然而人的心理，通常不会无缘无故地产生感觉，心理感觉更多的情况下是客观外界作用于主观的反映。如果说不幸福之感觉往往是与不直接的客观外界的影响有关系，那么幸福的感觉像不幸的感觉一样，更是与特别直接的客观外界的实际状态有关系。

第一，我们已经说过，幸福的人，肯定有幸福的家庭。第二，幸福的家庭，理论上肯定是人人健康，家庭关系和睦，夫妻恩爱，手足情深，家风良好，并由而受人尊敬的。第三，一个有着这样的家庭背景的人，他或她还需是起码具有大学文化知识的人。第四，而且他所从事的职业，恰恰是符合他理想的、他很热爱的职业。第五，这一种职业，一般而言，还要有较高的工资和较有社会地位的特征。第六，于是他本人的爱情和婚姻不但是一帆风顺的，还是如愿以偿的。第七，他们的小家庭起码是富裕的，当然应拥有宽敞的住房与一辆准名牌私车。第八，他们的孩子是漂亮的、聪明的，将来肯定有出息，甚至青出于蓝，而胜于蓝……

我们还可以列出几条。

由是而论，我们不难看出，文化知识程度较高的人，比之于文化知识程度较低的人,对幸福指数的企求也是高的,即使口头上说自己只不过心存某些一般的幸福要求,综合起来,那些一般的幸福要求已是很不一般、太不一般了。更有的时候,甚至会将幸福误解为一种人生的完美状态,因而似乎应包含一切人生的美好。而实际情况却是——世界上只有极少极少数人的人生是接近完美的幸福的人生。

如果将人的一生比作由一点开始画起的一个圆,那么只有极少极少数人的人生画得接近标准的圆形;有些人的人生仅仅是半圆,或一段弧。大多数人的人生,画成了一个圆,但却是像蚀缺时的月亮似的圆。

我个人认为,能将人生画成一个近似的圆,那委实已经该算是不错的人生了。我个人认为,一个人的人生,只要在以上几条中实现了两条,比如有一个比较和睦的家庭和比较美满的婚姻,他或她就有理由感觉幸福多一些,感觉不幸少一些了。而居然实现了三四条,几乎可以说,他或她真的就是一个幸福之人了。

家庭和睦,手足情深,亲人健康,工作稳定,收入能够满足一般消费,月有节余,哪怕很少……这是一般普通人的幸福观。他们既为普通人,却并不沮丧于普通的人生,于是他们反而善于在普通的人生中企求普通的幸福,并珍惜之。

这样的一种人生态度，是否也可以给尚处于人生的一无所有阶段，但希望过上幸福生活的大家一点儿关于幸福的另类参考呢？

最后我要讲一个汉语常识——"希望"一词中的"希"字，在古汉语中，同"稀"，是一个演化字。"稀"——大家都知道的，乃指"少"。在农业社会，稻粮是宝贵的，布匹是宝贵的，都是稀缺之物。生产力不发达，靠天吃饭，好收成非是自然而然的事，于是每每举行祈祷。在古代，"稀望"是祭典仪式中的心理。

只要善于理性地把控自己的人生，一步步走在实处，我相信每个人都会或多或少获得某一部分人生的幸福。

# 人生和它的意义

确实，我曾多次被问到——"人生有什么意义？"往往，"人生"之后还要加上"究竟"二字。

迄今为止，世上出版过许许多多解答许许多多问题的书籍，证明一直有许许多多的人思考着许许多多的问题。依我想来，在同样许许多多的"世界之最"中，"人生有什么意义"这一个问题，肯定是人的头脑中所产生的最古老、最难以简要回答明白的一个问题吧？而如此这般的一个问题，又简直可以算得上是一个"哥德巴赫猜想"或"相对论"一类的经典问题吧？

动物只有感觉，而人有感受。

动物只有思维，而人有思想。

动物的思维只局限于"现在时"，而人的思想往往由"现在时"推测向"将来时"。

我想，"人生有什么意义"这一个问题，从本质上说，是从"现在时"出发对"将来时"的一种叩问，是对自身命运的一种叩问。世界上只有人关心自身的命运问题。"命运"一词，意味着将来怎样。它绝不是一个仅仅反映"现在时"的词。

"人生有什么意义"这一个问题既与人的思想活动有关，那么我们查一查人类的思想史便会发现，原来人类早在几千年以前就希望自我解答"人生有什么意义"的问题了。古今中外，解答可谓千般百种，形形色色。似乎关于这一问题，早已无须再问，也早已无须再答了。可许许多多活在"现在时"的人却还是要一问再问，仿佛根本不曾被问过，也根本不管有谁解答过。

确实，我回答过这一问题。

每次的回答都不尽相同，每次的回答自己都不满意。有时听了的人似乎还挺满意，但是我十分清楚，最迟第二天他们又会不满意。

因为我自己也时常困惑，时常迷惘，时常怀疑，并时常觉出看自己人生的索然。

我想，"人生有什么意义"这一个问题，最初肯定源于人的头脑中的恐惧意识。人一次又一次地目睹从植物到动物甚而到无生命之物的由生到灭、由坚到损、由盛到衰、由有到无，于是心生出惆怅；人一次又一次地眼见同类种种的死亡情形和与亲爱之人的生离死别，于是心生出生命无常、人生苦短的感伤以及对死的本能恐惧——于是"人生有什么意义"的沮丧便油然产生。在古代，这体现于一种对于生命脆弱性的恐惧。"老汉活到六十八，好比路旁草一棵；过了今年秋八月，不知来年活不活"。从前，人活七十古来稀，旧戏唱本中老生们类似的念白，最能道出人的无奈之感。而古希腊的哲学家们，亦有认为人生"不过是场梦幻，生命不过是一茎芦苇"的悲观思想。

然而现代的人类，已有较强的能力掌控生命的天然寿数了。并已有较高的理性接受生死之规律了。现代的人类却仍往往会叩问"人生的意义"何在，归根结底还是源自一种恐惧。这是不同于古人的一种恐惧。这是对所谓"人生质量"尝试过最初的追求而又屡遭挫折，于是竟以为终生无法实现的一种恐惧。这是几乎就要屈服于所谓"厄运"的摆布而打算听天由命时的一种恐惧。这种恐惧之中包含着理由难以获得公认而又程度很大的抱怨。是的，事情往往是这样，当谁长期不能摆脱"人生有什么意义"的纠缠时，谁也就往往真的会屈服于所谓"厄运"的摆布了；也就往往会真的听天由命了；也就往往会对人生持消极到了极点的态度了。而那种情况之下，人生在谁那儿，也就往往会由"有什么意义"的疑惑，快速变成了"没有意义"的结论。

对于马，民间有种经验是——"立则好医，卧则难救"。那意思是指——马连睡觉都习惯于站着，只要它自己不放弃生存的本能意识，它总会忍受着病痛顽强地站立着不肯卧倒下去；而它一旦竟病得卧倒了，则证明它确实已病得不轻，也证明它本身生存的本能意识已被病痛大大地削弱了。而没有它本身生存本能意识的配合，良医良药也是难以治得好它的病的。所以兽医和马的主人，见马病得卧倒了，治好它的信心往往也大受影响。他们要做的第一件事，又往往是用布托、绳索、带子兜住马腹，将马吊得站立起来，如同武打片中吊起那些飞檐走壁的演员那一种做法。为什么呢？给马以信心。使马明白，它还没病到根本站立不住的地步。靠了那一种做法，真的会使马明白什么吧？我相信是能的。因为我下乡时多次亲眼看到，病马一旦靠了那一种做法站立着了，它的双眼竟往往会一下子晶亮了起来。它往往会咴咴嘶叫起来。听来那确乎有些激动的意味，有些又开始自信了的意味。

一般而言，儿童和少年不太会问"人生有什么意义"的话，他们倒是很相信人生总归是有些意义的，专等他们长大了去体会。厄运反而不容易一下子将他们从心理上压垮，因为父母和一切爱他们的人，往往会在他们不完全知情时，就默默地替他们分担和承受了。老年人也不太会问"人生有什么意义"的话。问谁呢？对晚辈怎么问得出口呢？哪怕忍辱负重了一生，老年人也不太会问谁那么一句话。信佛的，只偶尔独自一人在内心里默默地问佛。并不希冀解答，仅仅是委屈和抱怨的一种倾诉而已。他们相信即使那么问了，佛品出了抱怨的意味，也是不会责怪他们的。反而，会理解于他们，体恤于他们。中年人是每每会问"人生有什么意义"的。相互问一句，或自说自话问自己一句。相互问时，回答显然多余。一切都似乎不言自明，于是相互获得某种心理的支持和安慰。自说自话问自己时，其实自己是完全知道这一种意义的。

上有老下有小的人生，对于大多数中年人来说都是有压力的人生。那压力常常使他们对人生的意义保持格外的清醒。人生的意义在他们那儿是有着另一种解释的——责任。

是的，责任即意义。是的，责任几乎成了大多数是寻常百姓的中年人之人生的最大意义。对上一辈的责任，对儿女的责任，对家庭的责任。总而言之，是子女又为子女，是父母又为父母，是兄弟姐妹又为兄弟姐妹的林林总总的责任和义务，使他们必得对单位、对职业也具有铭记在心的责任和义务。

在岗位和职业竞争空前激烈的今天，后一种责任和义务，是尽到前几种责任和义务的保障。这一点无须任何人提醒和教诲，中年人一向明白得很，清楚得很。中年人问或者仅仅在内心里寻思"人生有什么意义"时，事实上往往等于是在重温他们的责任课程,而不是真的有所怀疑。人只有到了中年时,才恍然大悟,原来从小盼着快快长大好好地追求和体会一番的人生的意义,除了种种的责任和义务,留给自己的,即纯粹属于自己的另外的人生的意义,实在是并不太多了。他们老了以后,甚至会继续以所尽之责任和义务尽得究竟怎样,来掂量自己的人生意义。"究竟"二字,在他们那儿,也另有标准和尺度。中年人,尤其是寻常百姓的中年人,尤其是中国之寻常百姓的中年人,其"人生的意义",至今,如此而已,凡此而已。

"人生有什么意义"这一句话,在某些青年那儿,特别是在独生子女的小青年们那儿问出口时,含义与大多数是他们父母的中年人是很不相同的。

其含义往往是——如果我不能这样;如果我不能那样;如果我实际的人生并不像我希望的那样;如果我希望的生活并不能服务于我的人生;如果我不快乐;如果我不满足;如果我爱的人却不爱我;如果爱我的人又爱上了别人;如果我奋斗了却以失败告终;如果我大大地付出了竟没有获得丰厚的回报;如果我忍辱负重了一番却仍竹篮打水一场空;如果……如果……那么人生对于我究竟还有什么意义?

他们哪里知道啊,对于他们的是中年人的父母,尤其是寻常百姓的中年人的父母,他们往往是父母之人生的首要的、最大的、有时几乎是全部的意义。他们若是这样的,他们是父母之人生的意义;他们若是那样的,他们是父母之人生的意义;换言之,不论他们是怎样的,他们都是父母之人生的意义;而当他们备觉人生没有意义时,他们还是父母之人生的意义;若他们奋斗成为所谓"成功者"了,他们的父母之人生的意义,于是似乎得到一种明证了;而他们若一生平凡着呢?尽管他们一生平凡着,他们仍是父母之人生的意义。普天下之中年人,很少像青年人一样,因了儿女之人生的平凡,而倍感自己之人生的没意义。恰恰相反,他们越平凡,他们的平凡的父母,所意识到的责任便往往越大,越多……

由此我们得到一种结论,所谓"人生的意义",它一向至少是由三部分组成的:一部分是纯粹自我的感受;另一部分是爱自己和被自己所爱的人的感受;还有一部分是社会和更多有时甚至是千千万万别人的感受。

当一个青年听到一个他渴望娶其为妻的姑娘说"我愿意"时,他由此顿觉人生饱满着一切意义了,那么这是纯粹自我的感受。

"世上只有妈妈好,有妈的孩子是块宝。"——这两句歌词,其实唱出的更是作为母亲的女人的一种人生意义。也许她自己的人生是充满苦涩的,但其绝对不可低估的人生之意义，宝贵地体现在她的孩子身上了。

爱迪生之人生的意义，体现在享受电灯、电话等发明成果的全世界人身上；林肯之人生的意义，体现在当时美国获得解放的黑奴们身上；曼德拉的人生意义体现于南非这个国家了；而俄罗斯人民，一定会将普京之人生的意义，大书特书在他们的历史上……

如果一个人只从纯粹自我一方面的感受去追求所谓人生的意义，并且以为唯有这样才会获得最多最大的意义，那么他或她到头来一定所得极少。最多，也仅能得到三分之一罢了。但倘若一个人的人生在纯粹自我方面的意义缺少甚多，尽管其人生作为的性质是很崇高的；那么在获得尊敬的同时，必然也引起同情。比如阿拉法特，无论巴勒斯坦在他活着的时候能否实现艰难的建国之梦，他的人生之大意义对于巴勒斯坦人都是明摆在那儿的。然而，我深深地同情这一位将自己的人生完完全全民族目标化了的政治老人……

权力、财富、地位，高贵得无与伦比的生活方式，这其中任何一种都不能单一地构成人生的意义。即使合并起来加于一身，对于人生之意义而言，也还是嫌少。

这就是为什么戴安娜王妃活得不像我们常人以为的那般幸福的原因。贫穷、平凡、没有机会受到高等教育、终身从事收入低微的职业，这其中任何一种都不能单一地造成对人生意义的彻底抵消。即使合并起来也还是不能。因为哪怕命运从一个人身上夺走了人生的意义，却难以完全夺走另外一部分，就是体现在爱我们也被我们所爱的人身上的那一部分。哪怕仅仅是相依为命的爱人，或一个失去了我们就会感到悲伤万分的孩子……

而这一种人生之意义，即使卑微，对于爱我们也被我们所爱的人而言，可谓大矣！

人生一切其他的意义，往往是在这一种最基本的意义上生长出来的。

好比甘蔗是由它自身的某一小段生长出来的……

在喧嚣的世界里，
坚持以匠人心态认认真真打磨每一本书，
坚持为读者提供
有用、有趣、有品位、有价值的阅读。
愿我们在阅读中相知相遇，在阅读中成长蜕变！

好读，只为优质阅读。

# 人间处方

策划出品：好读文化　　　　监　　制：姚常伟
责任编辑：牛炜征　　　　　　产品经理：刘　雷
封面设计：郑力珲　　　　　　营销编辑：陈可心
内文制作：鸣阅空间

# 图书在版编目（CIP）数据

人间处方 / 梁晓声著. — 北京：北京联合出版公司，2023.10（2023.12重印）
 ISBN 978-7-5596-7180-6

Ⅰ.①人… Ⅱ.①梁… Ⅲ.①人生哲学—通俗读物 Ⅳ.①B821-49

中国国家版本馆CIP数据核字（2023）第156297号

## 人间处方

作　　者：梁晓声
出 品 人：赵红仕
责任编辑：牛炜征
封面设计：郑力珲

---

北京联合出版公司出版
（北京市西城区德外大街83号楼9层　100088）
北京联合天畅文化传播公司发行
北京美图印务有限公司印刷　新华书店经销
字数167千字　787毫米×1092毫米　1/32　9.125印张
2023年10月第1版　2023年12月第3次印刷
ISBN 978-7-5596-7180-6
定价：55.00元

---

**版权所有，侵权必究**
未经书面许可，不得以任何方式转载、复制、翻印本书部分或全部内容。
本书若有质量问题，请与本公司图书销售中心联系调换。
电话：010-65868687　010-64258472-800